KB272519

무너지는 해안선, 사라지는 풍경

무너지는 해안선, 사라지는 풍경

무너지는 해안선, 사라지는 풍경

진재중 지음

해양 다큐멘터리 PD의
국내 해안선 탐사보고서

산지니

변해가는 해양환경, 그 속의 삶을 기록하다

나는 오늘도 바다를 기록한다. 하늘에서는 드론이 해안을 따라 비행하고, 바닷속에서는 수중카메라가 물결을 따라 움직인다. 모래 위에서는 손에 든 카메라로 파도와 바람이 만들어내는 순간을 담는다.

매일 달라지는 바다의 얼굴은 하나의 기록이자, 사라져가는 자연의 흔적이다. 처음엔 단순한 취재였다. 하지만 시간이 흐르면서 카메라에 담긴 것은 풍경이 아니라 상처였다. 바다의 숨결이 끊기고, 해조류가 사라지며, 해변은 서서히 무너져 내리고 있었다.

삼척에서 고성까지 이어진 동해안의 해안선은 오랫동안 익숙한 풍경이었다. 그러나 지금 그 익숙함은 흔들리고 있다. 거센 파도 한 번에 모래언덕이 깎이고, 해류의 방향이 바뀌며, 풍요를 자랑하던 해조류 숲은 메말라간다. 자연의 순환이 끊어진 바다는 더 이상 어제의 바다가 아니다.

그 변화를 기록하기 위해 〈오마이뉴스〉에 '해안환경 리포트'를 연재하기 시작했다. 그러던 어느 날, 출판사로부터 한 통의 메시지가 도착했다.

　　"우리나라 해안선과 바다 생태계가 처한 위기를 생생하게 기록하신 글은 책으로 묶여 더 많은 독자에게 전해져야 할 가치가 있습니다." 그리고 이렇게 덧붙였다. "이 책을 통해 단순한 환경 보고를 넘어, 해안 개발 현장과 그곳에서 살아가는 사람들의 이야기를 함께 담고 싶습니다."

　　그 말이 내 마음을 움직였다. 나는 이 책을 단순한 보고서가 아니라 사라져가는 해안과 해양 생태계의 이야기를 담는 기록으로 엮고자 한다. 모래언덕과 해조류 숲이 위기에 처한 현실을 기록하며, 아파하는 모래 위의 식물들을 위로하는 글이 되고자 한다.

　　이 책은 독자에게 묻는다. "우리는 바다를 얼마나 알고 있는가?" "지금 이 순간에도 변해가는 바다를, 우리는 얼마나 지켜보고 있는가?" 이 책을 읽으며 잠시라도 파도 소리를 떠올리고, 그 속에서 살아 있는 생명의 숨결을 느낀다면, 그것만으로 충분하다. 그것이 내가 바다를 기록하며 바랐던 단 하나의 이유다. 오늘도 나는 바다와의 만남을 위해 카메라를 들고 자리를 나선다.

차례

3장 바다를 잃은 사람들

4장 바다가 다시 숨 쉬는 곳

1장
사라지는 해변, 기억하는 바다

1장
사라지는 해변, 기억하는 바다

지난 4년간 바다는 아무 말 없이, 집요하게 모래를 삼켰다. 조금씩, 아주 조금씩 눈에 띄지 않을 만큼의 속도로. 그러나 그 느린 집요함은 결국 해안을 바꾸어 놓았다. 시간은 말없이 흘렀고, 바다는 그 침묵 속에서 모든 것을 가져갔다. 남은 것은 흔적뿐, 변해버린 풍경 속에서 바람과 파도만이 밀려든다. 사라진 모래언덕은 아무 말이 없지만, 그 침묵은 곧 절규였다.

정동진 백사장을 살리겠다며 쏟아부은 381억 원. '복원'과 '보전'이라는 이름 아래 진행된 공사임에도 불구하고, 되살아난 것은 관광지의 편리함뿐이었다. 낙산의 바다는 콘크리트에 가려 옛 풍경을 잃었고, 모래밭 위에 세운 인간의 욕심은 결국 해변의 얼굴을 망가뜨렸다. 죽도의 무분별한 개발은 회복 불능의 상처를 남겼고, 해안선은 매년 뒤로 물러나고 있다.

밤이 깊어도 주민들은 쉽게 잠들지 못한다. 집 앞 해변이 무너지고, 아이들이 뛰놀던 모래밭이 사라져간다. 인간이 자연의 질서에 도전한 결과다.

전문가와 관계기관이 머리를 맞대고 대책을 논의하지만, 해양수산부의 연안보전 사업은 여전히 갈 길이 멀다. '보전'이라는 이름의 공사, '복원'이라는 이름의 개발은 모래의 흐름을 이해하지 못한 채 또 다른 아픔을 낳는다.

이 장은 그런 현장의 기록이다. 무너지는 침식지대, 회색 방파제 너머로 부서지는 파도, 그리고 인간이 감히 통제하려 했던 자연의 반격을 따라간다. 모래는 사라졌지만, 그 자리에 남은 것은 분명한 메시지다.

"바다는 기억한다. 우리가 무엇을 했는지를."

사라지는 모래언덕

언제 붕괴될지, 언제 사라질지 모르는 옹벽 구조물! 모래해변이 깎여 나가고 해안사구[1]에 절벽이 생기면서 수차례에 걸쳐 보강공사를 한 결과물이다. 그러나 임시방편에 불과할 뿐, 그 자리도 언제 바다에 내주어야 할지 모른다. 동해안 사각지대에 놓인 강릉시 하시동·안인 해안사구에 대한 이야기다.

강릉시 하시동·안인 해안사구가 무너지는 현장

---

1 바다에서 육지 쪽으로 강풍이 불 때 모래가 육지 쪽으로 이동하다가 식물과 같은 장애물에 걸려 퇴적되어 형성된 것으로, 바다와 육지의 점이지대이다.

2020년 4월 방문한 안인해변은 넓은 백사장과 함께 듣기만
해도 친근감이 드는 이름을 가진 갯그령,[2] 갯방풍,[3] 갯메꽃,[4] 순
비기나무[5] 등 바닷모래에서 자라는 염생식물들로 가득 차 있었
다. 안인해변과 인접한 모래언덕은 다양한 식생대와 날다람쥐,
수달을 비롯한 멸종 위기종이 서식하는 장소였다. 또한 해안사
구 지킴이가 "이곳은 염생식물[6]의 보고입니다. 바닷모래에서 자
라는 식물들이 신기하기도 하고 보기만 해도 마음이 즐겁습니
다. 어려운 환경에서 자라는 이 식물들이 이대로 자랐으면 좋겠
어요"라고 말할 만큼 인근 주민들의 추억이 서려 있는 장소이기
도 하다.

안인해변 인근의 하시동 · 안인 해안사구는 동해안의 지형적
특징을 잘 보존하고 있어 2008년 12월 17일 환경부에 의해 생태
경관 보전지역[7]으로 지정되었다. 이후 탐방안내소 설치와 함께
2019년 기상환경 모니터링, 2020년 지형 변화 모니터링이 시행
되었으며, 환경감시원과 사구지킴이가 배치되어 체계적인 관리
가 이루어지고 있었다.

---

2   모래의 이동이 심한 전사구에 주로 분포한다. 잎은 바람에 날려 온 모래가 걸리게 하는 역할
     을 하고, 뿌리줄기는 모래 속에서 옆으로 뻗으며 잔뿌리를 깊이 내려 모래와 엉키면서 모래
     를 붙잡아 고정시키는 역할을 한다.
3   미나리과에 속하는 여러해살이풀로, 주로 해안가의 모래땅에서 자라는 식물이다.
4   우리나라 각처의 해안가에서 자라는 덩굴성 다년생 초본이다.
5   우리나라 중부 이남의 바닷가 모래땅에서 나는 낙엽 관목이다.
6   염분이 많은 토양에서 자라는 식물. 세포 속에 염분이 많이 들어 있으며 물을 잘 흡수한다.
     퉁퉁마디, 갯질경이 있다.
7   생물다양성이 풍부하여 생태적으로 중요하거나 자연경관이 수려하여 특별히 보전할 가치
     가 큰 지역으로서 환경부장관이 「자연환경보전법」에 의하여 지정·고시하는 지역을 말한다.

화력발전소에 석탄을 실어 나르기 위한 해상공사(2020년 8월)

이곳에 위기가 찾아온 것은 2020년 강릉 안인화력발전소 해상공사가 시작되고부터다. 발전소 공사가 진행되면서 안인해변의 바닷모래가 줄어들기 시작했다. 염생식물들의 서식지였던 모래언덕은 걷잡을 수 없이 빠르게 바닷속으로 잠식되어 갔다. 병풍처럼 둘러져 있던 곰솔[8]은 뿌리째 뽑혔고, 각종 시설물들은 속절없이 쓰러지고 넘어지기 시작했다.

"예전의 넓은 해변이 화력발전소 해상공사 이후부터 파여나가기 시작했다"라며 "바닷모래는 주민들의 휴식처이자 삶의 공간이었는데 이제는 흔적도 없이 사라졌다"라고 말하는 안인어촌계 이원규 계장의 말에서 안타까움이 느껴졌다.

해안경계초소인 콘크리트 시설물마저 파도에 견디지 못하고

---

8   해송(海松)·흑송(黑松)·검솔·숫솔·완솔이라고도 하는데, 줄기와 가지가 검은빛을 띠는 소나무속의 종이다.

해안경계초소인 군 시설물들이 파도에 견디지 못하고 쓰러져 있는 현장(2022년 1월)

쓰러져 갔고 일부는 바닷속으로 잠겼다. 방호벽으로 사용한 폐타이어는 여기저기 나뒹굴고 있었다. 2020년 2월에는 군부대 해안도로의 아스팔트가 낭떠러지로 변해 언제 붕괴될지 모르는 위협적인 존재가 되어 있었다. 해안도로가 무너진 이후 군초소는 철수했고 군사도로 역시 먼 역사 속으로 사라졌다.

이런 심각성을 인식한 해수부 동해청과 강릉시 안인화력발전소는 해안침식을 막기 위해 모래를 보충하고 마대 자루를 설치하는 등 여러 대책을 시행했지만 효과를 거두지 못했다. 보충한 모래는 곧 유실되었고 마대 자루는 바다 쓰레기로 남았다. 임시방편 대책은 예산만 낭비한 채 끝났다.

공사 초기에 침식 방지를 위해 길이 600m의 잠제(수중방파제)를 설치했지만, 이는 오히려 해안의 균형을 무너뜨렸다. 그 결과 북쪽에는 퇴적이, 남쪽에는 침식이 심화되었으며, 인공구조물로 인해 변형된 파도의 흐름은 시간이 지나도 회복되지 않았다. 큰 파도가 몰려올수록 침식과 퇴적의 불균형은 더욱 심해졌고, 결국 사구 침식이 가속화되어 남쪽 해안도로 일부 구간이 붕괴되는 피해로 이어졌다.

침식이 극심한 사구를 보호하기 위한 최후의 대응으로 돌제 6기가 설치됐다. 그러나 사구 안내소에서 내려다본 돌제는 거센 파도가 밀려올 때마다 바다에 잠길 듯 위태로운 모습이었다.

해안공학 전문가 A 박사는 이 시설이 파도를 완전히 차단하는 구조가 아니어서 파랑의 세기와 조건에 따라 돌제 사이를 메운 사석이 유실될 수 있다고 설명했다. 특히 사석(沙石)이 빠져나가기 시작하면 구조물의 안정성이 급격히 약화되고 이를 지탱하던 옹벽이 순간적으로 붕괴될 가능성도 있다고 경고했다. 침식을 막기 위한 응급조치로 설치된 돌제가 오히려 추가적인 붕괴 위험을 안고 있어, 공사의 근본적 한계를 드러내고 있다는 것이다.

속절없는 침식, 인공구조물의 허와 실

생태경관 보전지역의 훼손이 심각하게 진행되고 있다. 침식으로 인해 사구 진입로가 사라지고, 탐방로였던 해안도로도 바다에 잠겼다. 사구 지킴이가 '사구식물[9]들의 보고'라고 자랑하면서 안

---

9   해안이나 사구(모래언덕)에서 생육하는 식물로, 건조하고 영양분이 부족한 환경, 모래의 이동, 바람, 염해 등 혹독한 조건에서도 견딜 수 있는 능력을 갖추고 있다.

삼척 매원리 해변 궁촌항 건설로 인해 인접한 마을의 해변이 사라진 현장(2020년 9월)

내해준, 다양한 사구식물이 자생하던 지역이 이제는 돌덩어리와 옹벽으로 대체되었다. 또한 바다에서 30~40m 떨어져 있던 군사도로와 초소 등 시설물도 모두 바닷속으로 사라졌다.

동해안의 여러 지역에서 인공구조물 설치가 침식을 심화시켜 재해를 초래하고 있다. 삼척 궁촌항 건설 이후 인근 원평해수욕장은 해변이 무너지고 소나무가 뿌리째 뽑히는 등 심각한 침식 피해를 입어 주민들이 정부를 상대로 소송한 끝에 승소했다. 강릉 주문진은 방파제 연장 공사 후 돌제와 도로가 침하되어 복구 공사가 계속되고 있으며, 울진 봉평해수욕장 역시 인공구조물로 인해 백사장이 사라지고 해안가 주택과 상가가 침식 위험에 처해 있다.

무너져버린 학습의 장

안인·하시동 해안사구는 한때 해안식물과 식생을 연구하는 전문가와 학생들이 자주 찾던 학습의 현장이었다. 그러나 지금은 침식이 심화되어 접근조차 어렵다. 군부대 철수로 접근이 쉬워질 것으로 기대됐지만, 오히려 파도에 밀려 사구식물은 사라지고 식생 안내판은 퇴색돼 보이지 않는다. 안내소 입구에는 안내원 대신 '출입금지' 표지판이 서 있고, 주변에는 쓰레기만 쌓여 있다. 해안사구를 지키기 위한 배려는 사라지고, 대신 흉물스러운 콘크리트 구조물만 늘어가고 있다.

해안 숲과 사구를 연구하는 신은주 숲해설가는 "이 지역은 환경부가 지정한 생태경관 보전지역인데 해안사구와 공사 내용에 대한 안내는 전혀 없고 '자연환경보전법'을 내세운 경고판만이 탐방객을 섬뜩하게 하고 있습니다"라며 환경부와 강릉시의 소극적인 관리 대책을 꼬집었다.

하시동·안인 해안사구는 해수부와 환경부가 모두 관할권을 주장하지만, 실제로는 어느 쪽도 책임 있게 관리하지 않는 지역이다. 해양수산부는 항구나 방파제 같은 해안 구조물에만 관심을 두고 사구 관리에는 소극적이며, 환경부 또한 서해안의 널리 알려진 사구에는 관심을 보이면서 동해안 유일의 생태환경 보전 지역인 하시동·안인 사구는 사실상 방치하고 있다. 하시동·안인 해안사구는 그 보전 가치가 높아 적극적인 관리 대책이 필요하다. 강릉원주대 생물학과 이규송 교수는 "서해안 사구처럼 환경부와 강릉시가 관심을 갖고 체계적으로 관리해야 한다"라고 강조했다.

환경부는 생태경관 보전지역의 사구를 보호하기 위해 훼손 행위 감시와 자연환경 조사, 모니터링 등을 수행해야 하지만 강릉 화력발전소 건설 이후에는 공사업체·지자체·해수부에 책임을 떠넘기며 적극적인 대응을 하지 않고 있다. 원주지방환경청이 2024년 3월 현장 점검과 모니터링을 강화하겠다고 밝혔지만, 이후 뚜렷한 변화는 없는 실정이다.

안인화력발전소의 환경영향평가 협의 주체는 환경부다. 환경부는 발전소 건설 전 '생태경관 보전지역'으로 지정된 하시동·안인 해안사구에 대해 전문가들과 논의했을 것이다. 거대한 시설물이 들어서면 침식이 발생할 것은 일반인도 예상할 수 있는 일로, 전문가와 환경부가 이를 몰랐을 리 없다.

10여 년 이상 하시동·안인 해안사구를 찾았다는 사구전문가는 "하시동·안인 해안사구를 생태경관 보전지역으로 지정했을 때는 그만한 타당성과 가치가 있어 지정을 했을 텐데 이렇게 소홀히 하는 게 이해가 되지 않습니다. 그리고 화력발전소 공사를 하면, 연안침식이 발생할 것을 예상했을 텐데 환경영향평가에서 왜 제대로 지적을 하지 못했는지 의심스럽습니다"라며 환경부의 무책임한 관리를 지적했다.

골프장으로 변한 석호

하시동·안인 해안사구와 도로 하나를 사이에 두고 한 골프장이 운영되고 있다. 이 일대는 과거 보호 가치가 높았던 석호(풍호)가 자리하던 곳이었다. 석호는 강원특별자치도 동해안에서 드물게 나타나는 희귀 지형으로, 그 퇴적 구조를 통해 한반도의 과거 자연환경과 지형 변화를 읽을 수 있는 귀중한 자연자원이다.

특히 풍호는 빼어난 경관으로 신라 시대 서라벌의 화랑들이 찾아와 시를 읊으며 호연지기를 길렀다는 이야기가 전해지는 역사적 장소이기도 하다. 그러나 2011년 골프장 건설 이후, 국가가 보전해야 할 자연유산이었던 석호는 원형과 생태적 가치를 잃었고 결국 그 의미마저 상실한 채 역사 속으로 사라지게 되었다.

「2017년 1월 제2차 하시동·안인사구 생태경관 보전지역 관리기본계획 수립 연구-최종보고서」에도 "하시동·안인사구의 배후지에 있는 풍호와 연계하여 생태적 다양성을 증진시키는 방안 모색, 인근에 산재하는 해안단구,[10] 사빈,[11] 석호 등의 지형자원과 철기시대 유물 출토지 등의 역사자원을 활용하여 주민생활의 질 향상 방안과 연계시킬 필요가 있다"라고 되어 있다.

난개발과 해수면 상승이 맞물리면서 해안침식이 더욱 가속화

---

10 해식대나 퇴적면 등 해안 지반이 간헐적으로 융기하거나 해수면이 하강할 때, 현재 해수면보다 높은 곳에 계단형의 평탄면이 형성된 지형을 말한다.
11 하천에서 운반되거나 파도에 의한 해안침식으로 인해 생긴 모래가 퇴적되어 만들어지는 모래해안을 말한다.

될 가능성이 크다. 따라서 해안 개발 시 인공구조물을 설치할 때는 철저한 환경영향평가가 필수적이다. 그러나 현재의 평가 방식은 해안침식을 제대로 반영하지 못하고 조사와 예측도 부실하다. 해안사구는 육지와 바다 사이에서 퇴적물을 조절하고 폭풍 해일로부터 해안과 농경지를 보호하는 완충 역할을 하지만 각종 개발로 인해 그 기능이 위협받고 있다. 무분별한 개발이 지속되면 사구와 사구식물 모두 사라질 수 있는 만큼 해안사구의 보호와 체계적인 관리가 시급하다.

2024년 여름, 기후 위기에 대한 경고는 더욱 커지고 있다. 9월 중순이 지났음에도 무더위가 이어지고 있으며 서울을 비롯한 전국 곳곳에 폭염특보가 내려졌다. 최근 4년 동안 동해안에는 해안을 직접 위협할 만큼의 대형 태풍이나 폭풍, 해일이 발생하지는 않았지만 언제든 해안사구를 덮칠 재난·재해가 닥칠 가능성은 여전히 남아 있다.

특히 안인화력발전소가 가동되는 동안 하시동·안인 해안사구의 침식 속도는 더욱 빨라질 것이다. 몇 해 뒤 안인해변을 다시 찾았을 때, '예상된 붕괴, 하시동·안인 해안사구 무너지다!'라는 비극적인 제목이 언론을 장식하는 일이 없기를 바라는 마음이다.

백사장 복원 381억, 정동진의 아이러니

저게 뭐죠! 저렇게 하기 위해 381억 원이라는 예산을 들여 공사를 한 것입니까?

하얀 백사장 위에 콘크리트 주차장이 건설된 것을 보고 해안 전문가가 한숨을 내뱉으며 말했다. 공사를 마친 현장은 주차안내 현수막만 걸린 채 영혼 없이 서 있다. 드라마 〈모래시계〉로 유명한 강원특별자치도 강릉시 정동진해변의 이야기다. 2024년 7월, 드넓게 펼쳐진 백사장 위에 하얀 콘크리트 구조물이 해수욕객을 기다리고 있었다. 해양수산부에서 연안정비 사업[12]이 잘 되어 아름다운 해변으로 다시 태어났다고 홍보하는 바로 그곳이다.

정동진해변은 매년 겨울철 너울성 고파랑으로 인한 백사장 침식과 레일바이크 철로 유실 피해를 입어 임시복구를 반복했던 곳이다. 이러한 문제 인식 아래 해수부는 2018년부터 381억 원을 투입해 잠제 3기와 돌제를 설치하고 모래를 보충하는 연안정

---

12 해일, 파랑 또는 지반의 침식 등으로부터 국토를 보전하고 훼손된 연안을 환경친화적으로 정비하여 쾌적한 연안공간을 제공하기 위한 사업

정동진해변. 정동진역을 기점으로 북쪽은 침식, 남쪽은 퇴적된 것이 보인다.
(2024년 7월)

비 사업을 추진했으며, 2024년 7월 사업을 마무리했다. 그 결과 정동진역 북쪽 해변의 침식은 여전히 진행되고 있지만, 남쪽 해변은 백사장 폭이 넓어지며 침식 이전의 모습을 어느 정도 회복했다.

문제는 강릉시가 복원된 해변 위에 74대 규모의 주차장을 조성한 데 있다. 정동진해변은 이미 정동진역 인근 주차 시설과 공영주차장이 잘 갖춰져 있어 주차 공간이 충분한 지역이다. 실제로 관광 성수기인 7월 방문 당시 공원 주차장은 대부분 비어 있었다. 새로 조성된 주차장은 기존 공원 주차장과 약 100m 떨어져 있으며, 주차장에서 아치형 다리를 건너면 바로 해변으로 연결되는 구조다. 이러한 점에서 복원된 해변 위에 추가 주차장을 설치한 결정의 타당성에 의문이 제기되었다.

정동진 바닷가가 좋아서 온다는 김민수 씨는 "이 주차장 바로 앞이 바닷가인데 모래 위에 주차장을 건설한다는 게 이해가 되지 않는다"라며 "바닷모래가 관광자원인데 어떻게 그 소중한 자원을 묻어버리고 시멘트를 덮어 주차장을 만든다는 발상을 할 수 있을까"라고 혀를 찼다.

주민들은 지자체 공무원의 안일한 태도와 일부 상인들의 편의를 위한 주차장과 시설물 설치 요구를 문제로 지적한다. 정동진 1리 어촌계장 정상록 씨는 "주민들이 해안침식을 막아 달라 외치던 것이 엊그제 같은데, 복원된 모래 위에 주차장을 요구하는 것이 말이 되느냐"라며 한숨을 쉬었다.

중앙정부는 해안침식을 막기 위한 연안정비 사업을 추진하는 반면, 자치단체는 관광객 유치를 위해 해변에 주차장 시설을 설치하는 엇박자 행정을 보이고 있다. 결국 예산만 낭비하고 있는 것이다.

항만 전문가 B씨는 "이곳에 주차장을 만들 계획이었으면 사업 초기에 계획을 세워 이중으로 예산이 낭비되는 것을 막았어야 한다"라며 "중앙정부에서는 연안침식 방지를 위한 예산을 들이고 자치단체에서는 관광객 편의를 위해 주차장을 건설한다는 것은 중앙정부 따로, 지자체 따로 중복 예산을 집행, 예산을 낭비하는 것"이라고 지적했다.

또한 관광객의 편의와 볼거리 제공을 위해 설치한 시설물들이 오히려 관광객의 발길을 돌리게 하는 요인이 되고 있다. 드라마 〈모래시계〉 방영 이후 매년 정동진해변을 오고 있다는 관광객 임형일 씨는 "〈모래시계〉로 유명세를 떨쳤던 과거의 정동진이 아니다"라면서 "과거에는 소나무 한 그루에서 소중한 추억을 담고 바닷모래 위에서 꿈을 담아 갔는데 지금은 각종 조형물, 시설물들이 정동진의 이미지를 흐리게 하고 있어 안타깝다"라고 인공 시설물의 문제점을 지적했다. 또 다른 관광객 김민기 씨는 "왜 바다 조망을 망치나. 바다는 강릉시민의 것일 뿐만 아니라 대한민국 사람들이 같이 공유해야 할 자산"이라며 "저런 시설을 설치하는 것은 소중한 우리 국토를 망가트리는 행위다"라고 말하며 해변 위에 각종 조형물을 설치하는 것을 비판했다.

드라마 〈모래시계〉로 널리 알려진 정동진은 바닷모래로 이루어진 백사장과 탁 트인 바다 전망이 어우러진 자연해변이다. 이처럼 정동진의 가장 큰 자산은 바로 '자연스러움'이다.

과거 강릉 심곡항에서 어선들의 정박을 위해 조약돌 자연 해안을 콘크리트나 시멘트로 덮어 자연 해변을 훼손시킨 사례가 있었다. 정동진에서도 같은 실수가 반복되어서는 안 된다. 최근 연안정비 사업으로 정동진해변은 비교적 잘 보존되고 있지만, 강릉시의 주차장 건설 계획은 이러한 성과를 훼손할 우려가 있다. 해변 위 건축물 설치는 정동진의 핵심 자연 자산을 위험에 빠뜨릴 수 있다. 정동진의 자연 자산은 후손에게 물려줄 소중한 유산으로, 단기적 개발보다 지속 가능한 보존이 우선되어야 하며 자연 그대로의 아름다움이 시민과 관광객에게 오래도록 사랑받는 공간으로 유지되어야 한다.

낙산해변, 콘크리트에 가려진 옛 풍경

강원특별자치도 양양의 낙산해변이 빠르게 변하며 고유한 풍경이 위협받고 있다. 관동팔경 중 하나인 낙산사와 의상대 인근에 위치한 이곳은 오랫동안 관광·휴양 명소였지만 2022년 이후에는 철근 구조물과 공사장 펜스가 먼저 눈에 띄고, 파도 소리 대신 기계음이 해변을 채우고 있다. 특히 탁 트인 바다와 설악산 대청봉을 잇는 스카이라인은 낙산해변의 상징적 풍경이었으나, 해안을 따라 들어선 고층 건물들로 이 풍경이 점차 사라지고 있다. 이러한 경관 훼손은 단순한 미관 문제를 넘어 해변 조망권과 낙산의 고유 정체성을 위협하며, 장기적으로 관광 매력과 지역 가치 하락으로 이어질 우려가 있다.

다음 쪽의 위 사진은 개발 이전인 2022년의 모습이고, 아래는 2025년 7월에 모습이다. 사진을 찍은 위치는 다르지만, 풍경이 뚜렷하게 대비된다. 설악산 대청봉을 배경으로 한 스카이라인은 고층 건물 신축 전과 후의 인상이 얼마나 달라졌는지를 분명히 보여준다.

본격적인 피서철을 맞아 강원도 양양 낙산해변에도 많은 관광객들이 몰렸지만, 일부 방문객들은 기대에 못 미치는 풍경에

설악산과 양양 남대천. 낙산해변은 설악산 대청봉, 양양 남대천, 그리고 해변이 어우러져
동해안에서도 손꼽히는 자연경관을 보여줬다.(2022년 6월)

바다에서 본 낙산해변의 건축물들(2025년 7월)

실망감을 감추지 못했다. 서울에서 가족과 함께 낙산을 찾은 박지연 씨는 "사진으로는 한적하고 아름다웠는데, 와보니 해변 옆이 온통 공사장이었다"라며 쉴 틈 없는 소음과 공사 현장에 대한 아쉬움을 표했다. 그녀가 가리킨 해안선 끝자락에는 고층 숙박시설 공사 현장 네 곳이 줄지어 있었고, 콘크리트 구조물들은 백사장과 바다 풍경을 가로막고 있었다.

양양 낙산해변은 단순한 해수욕장을 넘어 자연과 역사, 종교와 경관이 어우러진 복합 문화공간이다. 천년 고찰인 낙산사와 맞닿아 있는 이곳은 사찰의 고요함과 동해의 장엄한 풍광이 어우러져 오랜 세월 불자들과 관광객의 발길을 끌어왔다. 특히 파도소리와 종소리가 한데 어우러지는 풍경은 양양만의 정체성을 상징하는 장면으로 널리 회자돼 왔다.

낙산사의 한 스님은 "낙산사는 천년 넘게 이 산과 바다, 그리고 사람의 마음을 지켜온 수행의 공간이다. 지금 해변에 들어서는 건물들은 단순히 경관을 가리는 문제가 아니라, 자연과 인간의 조화 속에 이어져 온 낙산사의 정체성을 무너뜨리고 있다"라고 지적했다. 이곳을 방문한 관광객들도 "예전엔 하늘과 바다가 낙산사를 감싸안는 듯했는데, 이제는 그 풍경이 점점 건물에 가려지고 있다", "소나무와 전통 사찰의 지붕선이 거대한 건물들 뒤로 밀려나는 걸 보니 마음이 아프다"라며 낙산해변의 아름다움이 훼손되고 있는 상황을 안타까워했다.

강원 동해안 해안가 고급 숙박시설 신축과 관련해, 도시계획

및 환경분야 전문가인 이강우 박사는 "아름다운 경관을 보전하면서 지속 가능한 개발을 위해서는 사전 단계부터 철저한 관리가 필요하다"라고 강조했다. 그는 개발 전 환경 및 경관영향평가를 실시하고 주민 공청회를 통해 건축물의 층고·형태·배치 등을 포함한 개발 가능 구역을 설정해야 한다고 밝혔다. 인허가 과정에서는 자금 조달 계획과 준공 시기 등을 철저히 검토하고, 사업 실패에 대비한 보험 제도를 의무화해야 한다고 덧붙였다. 또한 해안 경관은 특정 기업의 전유물이 아니라 모두가 누려야 할 공유자산인 만큼, 선진국처럼 자연과 지역, 개발자가 공존할 수 있는 시스템이 필요함을 강조했다.

고층 숙박시설과 방치된 건물

1980~1990년대 양양 낙산해변은 전국의 수학여행단이 찾는 대표적 관광명소였지만, 관광 수요 감소로 당시 무분별하게 지어진 숙박업소들은 심각한 타격을 받았다. 관리 부재와 수익 악화로 방치된 건물들은 지금까지도 폐허처럼 남아 지역 경관을 해치고 있다. 그럼에도 최근 낙산해변 일대에 다시 고층 관광 숙박시설이 들어서고 있다.

해안선을 따라 경쟁적으로 진행되는 개발에 대해, 지역 주민들은 우려의 목소리를 내고 있다. 이 지역에서 오랫동안 상점을 운영해온 한 상인은 "또다시 건물만 덩그러니 남고 상권이 죽어버린다면, 이곳은 결국 백사장은 사라지고 콘크리트 잔해만 남게 될 것"이라며 걱정하는 모습을 보였다. 한 숙박업소 운영자 역시 "낙산은 바다를 보러 오는 곳인데, 숙소 앞을 대형 건물이 가로막으면 우리는 영업을 포기하라는 말과 다를 게 없다. 도대체 어떻게 하라는 건가"라며 불만을 토로했다.

낙산해변은 콘크리트 벽에 갇힌 삶이 쉽게 회복되기 어렵다는 사실을 보여준다. 해안환경은 단순한 풍경이 아니라, 인간과 자연이 공존하는 삶의 터전이자 지역의 생태와 문화, 관광 가치를 지탱하는 중요한 자산이다. 낙산해변을 지키지 못한다면, 그 안에서 누리던 삶의 풍요와 안전까지 함께 잃게 될 것이다. 이제 우리는 자연과 공존하는 길을 선택할 책임이 있다.

모래밭 위에 세운 욕심

한적하고 아름다운 해안가로 알려진 강원특별자치도 양양군 하조대 백사장에 최근 건축물이 들어서면서 아름다운 경관이 훼손되고 있다. 이 건물들은 휴양 시설과 상업적 목적으로 설치된 것으로, 바닷모래 위에서 자생하는 식생들을 위협할 뿐만 아니라 자연경관을 심각하게 망가트리고 있다.

하조대 해변은 고운 모래와 얕은 물로 가족 단위 관광객에게 인기 있는 명소다. 동해안의 해돋이를 편안하게 감상할 수 있는 장소로도 유명하다. 해변 길이만 1.5km, 인근 동호 해변까지 포함하면 6.5km에 달한다. 날씨가 맑으면 하조대 남쪽에서 동호 북쪽까지 한눈에 들어오는 동해안 최장 해변이다.

양양 하조대 해변은 동해안에서 가장 잘 보존된 해변으로, 과거에는 군 철조망으로 인해 일반인의 접근이 어려웠다. 해변의 모래밭에는 갯그령, 갯방풍, 갯씀박귀 등 다양한 염생식물이 군락을 이루며 탐방객에게 인기가 있었다. 그러나 2024년 10월, 심하게 훼손된 모래밭과 콘크리트와 철목재로 덮인 개발 현장을 목격했다.

문제는 40여 년간 군사지역으로 통제되던 해안이 해제되면

백사장 위에 건물들이 들어서 있는 하조대 해변(2024년 11월)

서 발생했다. 철조망이 철거된 해안에는 국내 최초 서핑 전용 해변인 '서퍼비치'가 조성되어, 서핑과 해변 문화를 동시에 즐길 수 있는 복합 공간으로 자리 잡았다. 이후 양양군 해안은 인구해변에서 낙산해변까지 서핑객들로 붐비는 명소가 되었으나, 젊은 층을 유치하기 위한 난개발 허가로 해안 환경은 크게 훼손되었다.

강릉원주대 생물학과 이규송 교수는 양양군의 자연 보존 태도에 문제가 있다고 지적했다. "하조대 해변은 보물 같은 곳으로, 양양 남대천을 중심으로 해안 지형 전체를 생물권 보전지역으로 지정해야 한다"라며 난개발로 훼손되고 있는 하조대 해변이 처한 상황과 앞으로의 개발 방향이 중요함을 강조했다.

2024년 11월 방문한 해안가 건물들은 바닷가에서 약 10여 미터 떨어져 있어, 큰 파도가 치면 언제든지 덮칠 위험이 있었다. 이미 건물 주변에는 침식 현상이 발생하고 있었다.

건축물은 사빈과 사구[13]의 상호작용을 단절시켜 사구 식물과 고유한 지형을 사라지게 만든다. 또한 모래가 원래의 이동 경로를 따라 이동하지 못해 백사장이 점차 좁아지거나 심한 침식이 발생한다. 이로 인해 해변에 서식하는 해양생물들은 서식지를 잃고, 모래 해안가의 자연 복원력도 점점 약화된다.

지역사회의 반발과 양양군의 대응 부족

지역 주민들은 해안 경관을 훼손하고 환경을 파괴하는 각종 건축물 설치에 강하게 반대하고 있다. 하지만 양양군의 허가와 규제 절차가 미흡하다. 상업적 이익에만 치우친 개발로 환경 보호 대책이 부족하며, 일부 상인들만 혜택을 보는 불공정한 구조라는 비판도 나오고 있다.

인근에서 카페를 운영하는 A씨는 해안가에 새로운 카페가 들어선 이후 영업이 어려워졌다고 말한다. 젊은 사람들이 바다 근

---

13 해안이나 사막에서 바람에 의하여 운반·퇴적되어 이루어진 모래언덕. 크게 해안에서 볼 수 있는 해안사구와 사막에서 볼 수 있는 내륙사구로 나뉜다.

처로 몰리면서 바다와 떨어진 카페에는 방문하지 않는다는 것이다. A씨는 자신뿐만 아니라 주변 상인들도 불만이 많다며 양양군의 행정 문제를 지적했다. 해안가를 매일 걷는 한 주민은 해변에 건축물이 들어서는 것을 상상할 수 없었다고 한다. 그는 해변이 자연 그대로의 모습이어야 하며, 시민 모두의 것이므로 건물로 인해 경관이 가려지거나 접근이 제한되어서는 안 된다고 주장했다.

하조대 해변을 자주 찾는 김성모 씨는 해변의 변화에 안타까움을 표했다. 김씨는 "하조대 해변이 점차 퇴색되고 있어 마음이 아프다. 전에는 해안가에 건물이 하나도 없었는데, 이제는 방문할 때마다 하나둘씩 들어서고 있다"라며 우려를 나타냈다. 그는 "이러다가는 해안가에 모래는 사라지고 건물만 남는 것이 아닌가 싶어 염려된다"라고 덧붙이며, 지자체가 강력한 규제를 시행해야 한다고 강조했다.

해안은 소중한 자산이다. 관광객을 유치하기 위해 설치된 인공시설들은 자연의 가치와 생태적 다양성을 훼손할 수 있다. 눈앞의 이익을 위해 생태계와의 공존을 고려하지 않는 무분별한 개발만 이루어진다면 당장 관광객들의 관심은 끌 수 있을지언정 그 효과는 오래가지 못할 것이다.

석탄화력발전소가 남긴 상처

에너지 정책이 꾸준하게 주요 의제로 떠오르고 있지만, 동해안 화력발전소로 인한 환경 파괴 문제는 정책 논의에서 배제되고 있다. 해안침식, 조망권 훼손, 해양 생태계 파괴 등 심각한 환경 문제가 있음에도 정치권에서는 이를 언급조차 하지 않고 있다.

화력발전소의 사각지대, 정권 변화 속 동해안의 숨은 문제

문재인 정부 시절에는 태양광과 풍력 중심의 재생에너지 확대 정책이 추진됐고, 윤석열 정부에서는 원자력 에너지 확대가 중점이었다. 그러나 이러한 정권 교체에 따른 에너지 정책의 급격한 전환 속에서도 과거 정부가 추진해 건설한 동해안 화력발전소들은 사실상 정책의 '사각지대'에 놓인 상태다.

특히 강원도 삼척, 강릉 등 동해안 지역에 건설된 대형 석탄 화력발전소는 해안침식, 해양 생태계의 변화, 어업권 피해, 관광 산업 위축 등의 다양한 문제를 야기하고 있다.

강원도 강릉시 안인해변 일대의 주민들에 따르면, 발전소 건설이 본격화되면서 모래 유실과 해안선 후퇴 현상이 눈에 띄게 늘었다. 특히 바람과 파도로부터 마을을 지켜주는 천연 방파제 역할을 해온 해안사구가 점차 사라질 위기에 처하면서, 생활 터전 자체가 위협받고 있다는 목소리가 커지고 있다.

강릉 안인에 사는 한 어촌계원은 "방파제와 냉각수 방류 설비 같은 인공구조물이 해안의 자연 흐름을 왜곡시켜 연안 생물의 서식지를 파괴하고, 수온 변화 등으로 인해 해양 생태계에 큰 영향을 미치고 있다"라고 주장했다. 또 다른 해안가 주변에 사는 마을 주민은 "해안사구는 단순히 모래 언덕이 아니라, 우리 마을을 지켜주는 자연의 방패입니다. 그런데 지금처럼 방치해 둔다면 앞으로 남는 건 마을이 잠기는 것뿐일 겁니다"라고 우려 섞인 목소리를 내고 있다. 화력발전소 인근 해역인 등명해변에서 50년 넘게 어업을 해온 한 어민은 최근 몇 년 사이 바다가 변해버렸다고 말한다. 변화의 원인으로 그는 인근 화력발전소의 방파제 시설물을 지목했다. 예전에는 미역도 풍성했고, 가자미도 철마다 넉넉히 잡혔지만 방파제가 들어선 이후 해류가 달라져 바닷속에 모래가 쌓이고 해조류가 눈에 띄게 준 것이다.

하얀 모래 대신 백색 콘크리트로 덮이다

환경부에서 생태보전지역으로 지정한 안인·하시동 해안사구가 화력발전소 해상공사로 인해 무너져 내리고 있는 현장(2023년 8월)

강원도 삼척시 맹방해변. 비취빛 바다와 백사장이 어우러진 이 해변은 오랜 시간 지역 주민과 관광객들의 사랑을 받아왔다. 그러나 석탄화력발전소의 석탄 수송을 위한 방파제 건설이 진행되면서 마을 분위기는 심상치 않다.

주민들은 방파제 건설로 인해 연안의 자연 흐름이 차단되고 경관이 심각하게 훼손되고 있다고 지적한다. 과거에는 바다와 백사장이 어우러진 아름다운 조망이 펼쳐졌지만, 이제는 대형 인공 구조물이 시야를 가리고 있다. 한 주민은 "우리는 환경과 조화를 이루는 방식으로 해안을 보호하길 원하지 해변 전체를 인공구조물로 덮는 것을 원하지 않습니다"라고 말한다. 또 다른 주민은

"해안침식을 막겠다고 설치한 구조물들이 오히려 바다의 아름다움을 해치고 있고, 결국 콘크리트만 남고 있다"라고 비판했다.

이러한 개발은 해안을 보호하기보다는 오히려 연안의 자연 흐름을 차단하고, 지역 경제에도 부정적인 영향을 미친다. 특히 관광산업에 의존하는 상인들에게는 생계 위협으로까지 번지고 있다.

해안가에서 카페를 운영하는 A씨는 "해안침식을 막는다며 진행되는 개발 사업이 오히려 관광지로서의 가치와 지역의 정체성을 훼손하고 있다"라며 불만을 토로했다. 그는 "관광객이 점점 줄고 있어요. 예전처럼 해변을 걷거나 사진을 찍으러 오는 사람도 없고, 이젠 가게 앞 풍경이 회색 콘크리트뿐입니다"라고 말했다. 이곳을 찾은 관광객들은 아름답던 모래 백사장이 사라지고, 다양한 해안 구조물들이 흉물스럽게 들어서 있는 모습에 실망했다.

삼척 맹방화력발전소. 석탄수송을 위한 방파제 공사와 연안침식 방지를 위한 공사 현장

하지만 지난 대선에서 주요 후보들이 내세운 에너지 공약을 살펴보면, 화력발전소 관련 정책은 사실상 논의에서 제외되어 있었다. 원자력과 재생에너지 비율 조정에 대한 논쟁은 활발했지만, 이미 지어진 석탄화력발전소의 처리 방안이나 생태 복원 계획은 어디에도 언급되지 않았다.

최근 강원도 연안을 중심으로 화력발전소 건설로 인한 갈등이 이어지고 있는 가운데, 임승달 전 강릉원주대 총장은 현 에너지 정책의 일관성 부족과 환경 대응의 미비함을 지적했다.

정권이 바뀔 때마다 에너지 정책이 극단적으로 갈리는 경향이 있습니다. 이전 정부의 사업이나 시설은 정치적 유산으로 치부돼, 그에 대한 책임을 회피하려는 분위기마저 느껴집니다.

이제는 정권의 색깔을 떠나, 장기적인 관점에서 일관된 국가 에너지 전략이 필요합니다. 동시에 개발 과정에서 발생하는 환경 피해를 최소화할 수 있는 구체적인 방안도 함께 마련돼야 합니다.

그는 정치적 변화에 따라 에너지 정책의 방향이 급격히 달라지는 구조 자체가 문제라고 강조했다. 단기적인 이익이나 정치 논리에 따라 수립된 정책은 결국 지역사회와 환경에 고스란히 부담을 남긴다는 것이다.

또한 그는 특히 해안 지역에서 발생하는 연안침식, 어업 피해, 해양 생태계 훼손 문제를 단순한 지역 민원으로 치부해서는 안 되며, 국가적 차원의 대책과 제도 정비가 시급하다고 덧붙였다.

　해안침식 전문가 K 박사는 화력발전소 중단 이후에도 체계
적인 모니터링과 연안 관리 대책이 반드시 필요하다고 강조한다.
그는 "중단된 발전소 주변 연안에 대한 정밀 조사와 생태 복원
계획이 함께 마련되어야 제2의 해안 재난을 예방할 수 있다"라고
말한다.

동해안은 실험의 대상이 아니다

송전망 구축이 계획보다 지연되고 있어 동해안 지역의 발전용량(원전 8기와
석탄발전 8기)을 초과해 송전선로가 포화상태다.

　화력발전소가 들어설 당시, 주민들은 환경오염에 대한 우려
에도 불구하고 지역 경제 활성화에 대한 기대감으로 이를 받아들
였다. 그러나 생계 대책은 물론 해안침식과 해안 환경 훼손에 대

한 아무런 대응 없이 정책 방향만 바뀌는 현실에 주민들의 불만
이 커지고 있다.

　결국 이곳에 남은 건 차가운 콘크리트 구조물과 상처 입은 해
안선, 그리고 오랫동안 외면당한 지역 사회뿐이다. 한때 희망을
안고 들어섰던 화력발전소는, 깊은 흔적만을 남긴 채 조용히 강
원도 동해안을 떠나고 있다. 남겨진 사람들과 바다는 이제 그 상
처 위에 말없이 버텨내고 있을 뿐이다.

영혼 없는 구조물들이 점령한 동해안

일출과 백사장, 석호와 초록빛 바다 등 동해안은 소중한 자연의 선물이지만 에너지 수급 정책, 항만 건설, 개인 이익 추구 등으로 해안경관이 훼손되며 점점 빛을 잃고 있다. 자연의 조화로움이 인간의 욕심 앞에서 무너지고 있는 상황이다. 동해안 곳곳에는 인간의 욕심이 만든 방파제, 방사제, 잠제, 이안제, 돌제 등 각종 인공시설물이 영혼 없이 서 있어 경관을 훼손하고 있다.

연안침식방지를 위한 각종 시설물, 경관을 해치는 잠제, 돌제, 이안제

영혼 없는 구조물들이 점령한 동해안

방파제 건설로 파도 흐름이 바뀌면서 경관이 훼손된 지역이 곳곳에서 나타나고 있다. 강릉 주문진 해안 도로는 드라마 〈도깨비〉 촬영지로 유명하지만, 주문진항 방파제 건설 이후 모래 퇴적과 침식이 반복되며 도류제, 이안제, 돌제 등 인공시설이 잇따라 들어섰다. 늘어난 침식 방지시설은 흉물로 변했다. 하늘에서 내려다보면 그 실태가 한눈에 드러난다.

가장 큰 문제는 해수면 상승으로 침식된 해안가와 어선 정박을 위해 설치한 항구의 시설물이 아니라, 에너지 수급정책으로 빠르게 증가한 LNG 기지와 화력발전소가 경관을 훼손하고 있다는 점이다. 삼척 LNG 발전소를 시작으로 한 강릉 안인화력발전소, 삼척 맹방화력발전소 건설은 주변 지역의 연안침식뿐만 아니라 아름다운 해안경관을 사라지게 하고 있다.

강원도 삼척시 원덕읍 호산리 일원에 조성된 삼척 LNG 생산

삼척 LNG 기지와 화력발전소. 월천해변과 사진명소로 유명한 솔섬이 사라졌다.

기지는 국내 최대 규모다. 1조 2,855억 원의 대규모 설비 투자로 강원권 동해안 지역의 청정에너지 시대의 개막을 알렸다는 점에서 의의가 있다. 그러나 길이 1.8km의 방파제가 건설되면서 해안 모래는 사라지고 아름다웠던 바다 경관은 추억 속으로 잠겼다.

모래밭과 어우러진 해송이 아름다워 동해안 명사십리 해변이라 불렸던 맹방해변의 경관 역시 빛바래고 있다. 삼척 화력발전소가 원인이다. 블루파워는 건설 과정에서 해안침식 문제로 국회, 환경단체, 시민단체 등과 큰 갈등을 겪었지만 해안경관을 무너트린 채 2024년 준공을 목표로 진행되었으며 2025년에 1, 2호기 공사를 마쳤다. 해안경관의 변화는 공사 전과 공사 후 사진을 비교하면 그 심각성을 알 수 있다.

오는 2030년까지 3,000억 원(추정)의 국비가 투입되는 동해신항만 건설은 수소(암모니아)를 수입해 저장하고 공급하는 기지로 조성, 환동해권 에너지산업 전용 북방 물류 복합항만으로 육성될 예정이다. 이를 통해 동해안 지역에 엄청난 부가 가치가 창출될 것으로 기대되지만 일출로 유명한 동해의 촛대바위의 경관을 무너트린다는 문제점이 있다.

일출을 보기 위해 이곳을 찾은 관광객 B씨는 "촛대바위는 일출이 아름다워 자주 사진을 담는 곳입니다. 그러나 신항만 구조물들로 인해 아름다움을 상실해 가고 있습니다. 개발도 좋지만 이런 아름다운 동해안 명소는 잘 지켜져야 합니다. 이렇게 가다가는 동해안 전체가 인공시설물로 뒤덮일 겁니다"라며 아쉬워했다.

설계 단계부터 국내는 물론 세계 최고 수준의 환경 설비를 반

맹방해변. 본격적인 공사 전의 명사십리 해안가(2020년 5월)

맹방화력발전소 건설현장. 명사십리해변은 사라지고 연안침식 방지를 위한 시설물들만 가득 차 있다.

영한 강릉 안인화력발전소는 강릉시 강동면 안인리 일원 약 18만 9,000평 규모 부지에 총 5조 6,000억 원 상당의 자금을 투입해 석탄화력발전소와 항만설비를 조성하였으며, 현재 가동 중이다.

하지만 이 발전소 바로 옆에는 환경부가 지정한 해안사구 보존지역이 있다. 인근 해안 군사도로는 이미 무너졌고 해안사구마저 사라질 위기에 처했다. 환경 설비의 최첨단화가 환경 보존을 의미하지는 않는다.

사유물 설치로 무너지는 시설물 강릉시 사천진 해변(2021년 9월)

관리의 사각지대에 놓인 잠제

강원도 동해안에는 해안 침식을 막기 위해 설치된 수중방파제, 이른바 '잠제(submerged breakwater)'가 길게 이어져 있다. 한때 해변을 지키는 방패로 기대를 모았지만, 세월이 흐르며 기능이 약화되고 변화하는 해양 환경에 대응하지 못하면서 실효성과 필요성을 둘러싼 논란이 커지고 있다. 잠제(수중방파제, 이하 잠제로 표기)는 해빈 전면부에 설치되어 외해에서 유입되는 파랑 에너지를 감소시켜 배후지의 침식을 줄이는 구조물이지만, 일부 지역에서는 해류의 흐름을 왜곡시켜 오히려 침식을 가속화시키는 부작용이 나타나고 있다.

2024년 10월 중순부터 11월 초까지 드론과 수중카메라로 강원도 동해안을 취재한 결과, 고성에서 삼척까지 총 16개 해변에 잠제가 설치돼 있었다. 그러나 구조물의 형태와 규모가 제각각이었고, 상당수는 관리 부실로 방치된 상태였다.

부서진 방패, 잠긴 구조물―바다에 버려진 잠제의 현실

고성 봉포해변 앞바다에는 연안 침식을 막기 위해 설치된 세 개의 잠제가 있다. 드론 촬영 결과, 중앙 잠제는 일시적으로 파도를 완화하지만, 우측 잠제는 절반가량이 묻혀 기능을 잃어가고 있고, 좌측 잠제도 파랑을 제대로 막지 못해 해안으로 직접 파도가 밀려드는 것으로 확인됐다.

수중카메라로 바닷속을 확인한 결과, 상황은 더욱 심각했다. 잠제 구조물은 갈라지고 부서진 채 바닥에 흩어져 있었고, 이리저리 굴러다니는 시멘트 조각들은 오히려 위험 요소가 돼 있었다. 원래 파도를 막아 해안을 보호해야 할 방패였던 잠제는 바닷속에 잠긴 채 제 기능을 완전히 상실한 상태였다. 해안 침식은 지속적으로 진행되고 있으며, 어민들의 안전과 어업 활동에도 위협이 되는 상황이다. 구조물이 본래 역할을 하지 못하면서 해안선은 점점 불안정해지고, 지역 주민들은 하루하루 불안 속에 살아가고 있다.

고성 봉포해변 모래에 파묻힌 잠제.
모래에 묻힌 잠제 구조물 위에는 조개껍질만 하얗게 붙어 있다.

흩어진 구조물, 잃어버린 기능―남항진 잠제

　강릉 남항진 해안은 한때 해안 침식으로 마을 일부가 위협받았던 지역이다. 너울성 파도와 잦은 태풍으로 피해 우려가 커지자, 강릉시는 2002년 '연안정비기본계획'을 수립하고 대대적인 해안 정비에 나섰다. 2004년부터 2006년까지 총 3년에 걸쳐 도류제와 돌제를 설치하는 연안정비 사업이 추진됐다. 당시 사업 관계자는 "공사가 완료되면 하시동리와 남항진리 일대가 예전의 해변으로 복원되고, 태풍으로 인한 침식 피해도 사라질 것"이라고 장밋빛 전망을 내놓았다. 하지만 사업이 끝난 이후에도 침식은 멈추지 않았다. 오히려 일부 구간에서는 모래 유실이 가속화되며 해안선이 후퇴했다. 가시적인 복원 효과가 나타나지 않자, 정부는 2010년부터 잠제 6기를 추가로 설치하며 해안 안정화에 다시 나섰다.

　그러나 2025년 11월, 확인한 잠제는 제 기능을 다하지 못한 채 이리저리 흩어져 있다. 일부는 모래에 묻히거나 파손된 상태로 방치되어 있다. 하늘에서 내려다보면 마치 돌덩이들이 바다 위에 둥둥 떠 있는 듯한 모습이다. 육안으로 보기 어려운 바닷속에서, 제 역할을 잃은 잠제는 본래의 역할을 거의 수행하지 못하고 있는 상황이다.

　한국해양대학교 도기덕 교수(해양공학과)는 "남항진 잠제가 피복재 이탈과 침하로 인해 파랑 완화 효과를 거의 잃었다"라며 "이로 인해 침식 저감 기능도 미미한 상태"라고 지적했다. 그는 "블록이 파손되고 일부 구간이 단절된 상황에서는 파랑이 한쪽으로 집중돼 특정 지역의 침식을 가속할 수 있다"라고 우려했다. 또 남항진 해안의 지형적 특성상 이러한 잠제 손상이 구조적 문제를 넘어 2차 피해로 이어질 가능성이 높다고 강조했다. 남항진 어촌계의 한 어민은 "해안을 보호하겠다며 설치한 잠제가 이제는 오히려 흉기가 됐다"라고 하소연했다. 그는 "흩어진 구조물에 그물이 걸리거나 어선 스크루가 파손되는 일이 잦아 바다에 나갈 때마다 불안하다"라고 말했다.

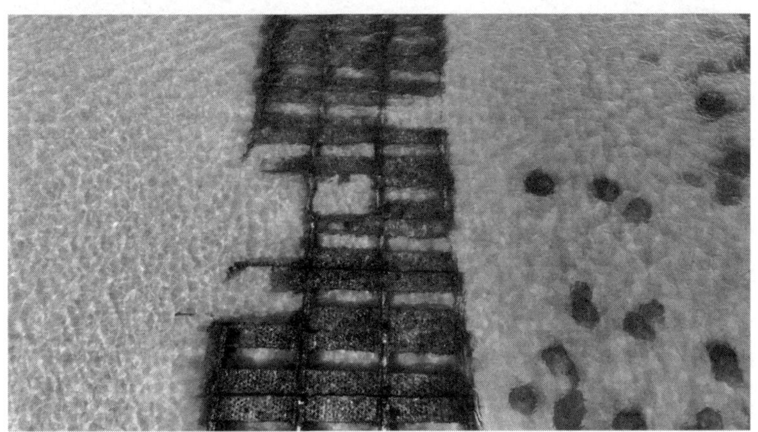

철길이 부서져 있는 형상을 한 바닷속 구조물

퇴적과 침식의 갈림길―반암해변, 잠제의 명암

고성 반암해변은 잠제 설치 이후 해변의 변화가 뚜렷하게 나타난 곳이다. 잠제 남쪽 해변에는 모래가 쌓여 퇴적이 증가한 반면, 북쪽 해변은 모래가 유실되어 침식이 심해졌다. 침식이 진행된 구간에서는 1m 이상 높이의 절벽이 형성되어 안전 위험이 커

잠제 설치에도 불구하고 해안의 침식과 퇴적이 반복되어 절벽이 형성된 고성 반암해변

진 상태다. 한 마을 주민은 "잠제는 아무런 효과가 없어요. 설치했을 때나 지금이나 똑같고, 오히려 침식이 더 심해졌어요"라며 불만을 토로했다. 또 다른 주민은 "밤에 나가기가 두렵다. 발을 잘못 디디면 추락할 수도 있다"라고 말했다.

사라진 모래와 드러난 구조물―교암해변의 역설

고성군 교암해변은 잠제 설치 이후 해안 지형 변화가 뚜렷하게 나타나며, 주민들의 불만이 가장 큰 지역 중 하나로 꼽힌다. 한태동 어촌계장은 "잠제 설치 이후 해변의 모습이 완전히 달라졌다"며 "이대로 방치하지 말고 새로운 대책을 세워야 한다"라고 지적했다. 그는 "언제까지 이런 불편한 해변에서 살아야 하느냐"라며 조속한 개선을 촉구했다.

고성 교암해변 잠제

현재 교암해변의 바다모래는 사라지고, 대신 돌과 자갈이 해안을 뒤덮고 있다. 해변을 걸을 공간조차 없어졌다. 설치된 잠제 3기 중 북쪽 구조물은 모래에 묻혀 제 기능을 잃었으며, 파도를 막기는커녕 해류의 흐름을 왜곡시켜 침식을 가속화하고 주변 도로까지 위협하고 있다. 육안으로도 북쪽 잠제(사진의 왼쪽에 해당)의 일부가 하얗게 드러나 있는 모습이 확인된다. 해변에 쌓인 모래가 잠제 주변까지 이어져, 그 위를 따라 걸어갈 수 있을 정도다.

전문가들은 잠제가 충분한 과학적 검토 없이 설치되어 문제가 되고 있다고 지적한다. 한국항만협회 강윤구 박사는 "잠제 자체가 나쁜 구조물은 아니지만, 해류 방향과 파랑의 입사각, 해저 지형 등을 종합적으로 고려하지 않은 설계가 문제"라며 "이런 요소를 정밀하게 계산하지 않으면 잠제가 침식을 막기보다 오히려 가속하는 결과를 초래한다"라고 강조했다.

정동진해변은 겨울철마다 반복되는 너울성 고파랑으로 백사장이 유실돼온 대표적인 침식 피해 지역이다. 2016년 1월에는 지반 약화로 옹벽과 함께 레일바이크 선로 100여m가 붕괴, 전체 5.1km 구간 중 2.3km가 폐쇄되는 등 큰 피해를 겪었다. 이후 정부와 강릉시는 피해 복구와 침식 방지를 위해 381억 원 규모의 연안정비 사업을 추진했다. 사업을 통해 잠제 3기와 돌제 1기가 설치됐다. 그 결과, 해빈폭은 뚜렷한 개선 효과를 보였다. 그러나 2025년 11월, 잠제가 설치된 구간을 중심으로 해변이 다시 깎이기 시작했다. 일부 구간에서는 모래 유실이 가속화되며 침식이 재발하고 있다.

전문가들은 잠제나 돌제가 단기적으로는 모래 유실을 줄이는 효과가 있지만, 장기적으로는 해류의 흐름을 왜곡시켜 다른 구간의 침식을 유발할 수 있다고 지적한다. 이에 따라 정기적인 모니터링과 보완 대책이 필요하다는 목소리가 커지고 있다.

화력발전소 공사 여파로 잠제가 불러온 또 다른 침식

최근 몇 년 사이 삼척과 강릉 일대에서는 화력발전소 건설과 대규모 해상 공사가 진행되면서 해류의 흐름이 변화했다. 이 영향으로 강릉 안인해변에서는 급격한 해안 침식이 나타났다. 침식을 막기 위해 대규모 잠제가 설치됐지만, 그 효과는 여전히 논란이다. 일부 구간에서는 해류가 왜곡되면서 모래 유실이 가속화되고, 인근 해변의 지형 변화도 심화되고 있다. 안인해변 남쪽 끝에서는 잠제 설치 후 심각한 침식이 발생해 돌제를 추가했지만 오히려 해류 흐름이 복잡해지면서 침식과 퇴적의 불균형이 더욱 심화됐다. 한편, 잠제가 없는 군선강 남쪽 해변으로 모래가 이동하면서 북쪽 전투비행단 지역과 돌제 설치 지역의 침식은 더욱 가속되고 있다.

한국항만협회 강윤구 박사는 "돌제 주변이 깊게 파인 것은 잠제 설치 시 발생할 수 있는 현상"이라며, "안인해변의 경우 잠제 대신 방사제를 설치했어야 했다"고 지적했다. 그는 또한 항만 및 어항 설계기준에서 방파제 건설 시 방사제를 설치하지 않으면 침식이 발생하기 때문에 방사제를 계획하도록 규정하고 있는데 이를 준수하지 않은 관계자들이 그 책임을 져야 한다고 강조했다.

해안을 지키려다 잃은 해안—삼척 원평의 역설

삼척 원평 일대는 궁촌항 건설 이후 해류의 흐름이 달라지면서 심각한 해안 침식이 발생한 지역이다. 해변 모래가 유실되면서 레일바이크 선로가 바다 쪽으로 무너지고, 일부 구간에서는 주민들이 심은 소나무가 뿌리째 드러난 채 방치됐다. 침식을 막기 위해 모래 포대와 자갈을 투입했으나 효과는 없었다.

원평해변에 설치된 잠제 3기의 안정성은 여전히 불확실하다. 일부 잠제는 기울거나 모래에 묻혀 있고, 주변의 이안제 등 인공 구조물로 해안 경관이 훼손됐다. 반복적인 구조물 설치로 해안의 자연 복원력도 약화된 상태다. 잠제가 끝나는 초곡해변에서는 침

삼척 원평해변 잠제

식이 심화되며 피해가 확산되고, 파도가 해안도로까지 밀려 들어 안전사고 위험이 커지고 있다. 임시로 설치된 옹벽도 불안하게 기울어 있다. 주민들은 "해변이 해마다 좁아지고 있다"라며 근본적 대책을 요구한다.

이대로 방치되어 잠제를 다시 설치해야 하는 상황이 발생한다면 막대한 예산이 낭비될 것이다. 해안 침식과 안전 위험이 지속되는 가운데, 근본적인 대책 마련이 시급하다는 지적이 나오고 있다. 해안침식 전문가 K 박사는 "항만을 건설할 때는 주변 해양 환경을 면밀히 고려해, 해안침식이나 이후 발생할 여러 해안 문제까지 예측해야 한다"라고 지적한다. 그러나 이러한 사전 검토가 부족한 채 공사가 진행되면서, 뒤늦게 침식을 막기 위한 잠제 설치에 더 많은 예산이 투입되고 있다는 것이다. 그는 "항만 건설비보다 잠제 설치 등 사후 대책 비용이 2~3배 이상 더 들면서 결국 예산 낭비로 이어지고 있다"라고 문제점을 지적했다.

속초해변, 바닷속에 묻힌 600억 원의 구조물

속초해변에는 해안을 감싸듯 5기의 잠제가 설치돼 있다. 당초 3기만 설치됐으나, 인근 외옹치 해변의 침식이 계속되자 2기를 추가로 세웠다. 1기의 길이는 약 150~200m로, 총 5기 설치에 약 600억 원이 투입됐다. 대형 육상 건물 공사에 맞먹는 규모다.

현재 강원도 동해안에는 16개 해변에 잠제가 설치돼 있다. 막대한 예산이 투입됐지만, 정작 유지·관리 체계는 미흡하다는 지적이 잇따르고 있다. 동해안 잠제 시공에 참여한 한 전문가는 "잠제는 막대한 예산이 투입되는 공사이기 때문에 설계, 시공, 사후 관리 전 단계에서 철저한 점검이 필요하다"라며 "하지만 현실적으로는 이러한 관리 체계가 제대로 작동하지 않고 있다"라고 지적했다. 잠제가 설치된 이후에도 정기 점검과 유지보수는 거의 이루어지지 않고 있다. 이는 중앙부처가 설치 후 관리 책임을 지방자치단체에 맡기면서 발생한 문제로, 예산과 인력이 부족한 지자체가 체계적인 관리를 수행하기 어려운 현실 때문이다. 한 자치단체 담당자는 "시설만 설치하고 관리 책임을 지자체에 떠넘기는 것은 잠제 관리에 큰 문제"라며 "이제는 지자체에 충분한 예산을 배정하거나 정부가 사후 관리를 직접 담당할지 결정할 시점"이라고 지적했다.

책임이 미뤄지는 동안 잠제는 제 기능을 잃어가고 있다. 일부는 기초가 드러나거나 두 동강 난 채 방치돼 있으며, 어떤 잠제는 모래에 완전히 묻혀 눈으로 식별조차 어렵다. 이로 인해 파랑 에너지가 한쪽으로 집중돼 침식이 오히려 가속화되고, 한쪽을 보호하려 설치한 구조물이 다른 구간을 위협하는 역설적인 상황이 발생하고 있다. 바닷속 구조물을 조사한 김진훈 박사는 "일부 지역의 잠제는 흩어지거나 모래에 묻혀 제 기능을 상실했다"라며 "일부 해변에서는 오히려 파고를 높여 해안 침식을 가중시키고 있다"라고 지적했다.

잠제는 단순히 설치로 끝나는 구조물이 아니라 지속적인 관리가 필요한 시설이다. 바다는 날마다 변한다. 파도의 방향, 계절별 해류, 해저 지형이 조금만 달라져도 잠제의 효과는 크게 달라진다. 그럼에도 불구하고 정기적인 점검과 관리가 제대로 이루어지지 않고 있다.

한국해양대학교 도기덕 교수는 "잠제는 고정된 구조물이 아니라 해안의 변화를 반영해 지속적으로 관리해야 하는 '살아 있는 장치'"라고 강조했다. 그는 단순한 보수보다는 잠제의 재설계와 기능 진단, 그리고 정밀한 연안지형 모니터링을 통해 동해안 전역의 유지·보수 체계를 구축하는 것이 시급하다고 지적했다. 또한 최근 주목받는 인공지능(AI) 기반 연안침식 예측 기술이 이러한 문제 해결에 중요한 역할을 할 수 있다고 덧붙였다.

공사 소리에 묻혀가는 섬

예전에 멀리서 바라볼 때 참 좋았거든요. 근데 막상 와보니까, 뭔가 달라졌어요. 그 조용하고 평온했던 느낌이 이제는 그냥 기억으로만 남을까 봐 조금 슬퍼지네요.

강원도 고성군 죽도. 한때 '비밀스러운 섬'이라 불릴 정도로 한적했던 이곳을 다시 찾은 한 관광객은 깊은 한숨을 내쉬었다. 그가 바라본 죽도는 더 이상 고요하지 않았다. 굴착기 소리, 거대 공룡처럼 서 있는 구조물들, 안내판 옆을 지나는 공사 차량 등으로 섬은 빠르게 바뀌고 있었다.

자연이 주는 위로를 기대하고 섬을 찾은 이들에게 지금의 죽도는 어딘가 낯설다. 관광이라는 이름 아래 우리는 무엇을 얻고, 또 무엇을 잃어가고 있는가. 그 질문이 조용히, 그러나 무겁게 방문객들의 마음속에 떠오르고 있다.

몇 년 전의 죽도는 자연 그대로의 아름다움을 간직하고 있었다. 하늘에서 내려다본 섬은 마치 엄마 돌고래와 아기 돌고래가 바다를 유영하는 듯한 신비로운 형상을 하고 있었다. 암반 사이로는 다양한 해조류가 자라고 있었고, 바닷바람에 실려 오는 소금기 섞인 공기는 도시에서는 느낄 수 없는 청량함을 전했다. 죽도섬은 자연을 온전히 느끼고자 하는 탐방객들에게 소중한 쉼터였다. 이처럼 자연이 살아 숨 쉬는 죽도가 지금 깊은 상처를 입고 있다.

죽도를 아끼는 박숙자 씨는 "죽도가 지닌 고유한 아름다움을 지키면서, 이상향을 꿈꿀 수 있는 공간으로 남겨둘 수는 없을까요?"라며, 인위적인 개발보다는 자연과의 조화를 우선시해줄 것을 당부했다.

서울에서 강원도 고성의 무인도를 자주 찾는 윤장원 씨는 죽도 공사 현장을 바라보며 안타까운 마음을 숨기지 않았다. "죽도는 사람이 함부로 들어가선 안 되는 곳입니다. 그 섬이 가진 소중한 자연은 우리 후손들을 위해 남겨야 해요"라며 최근 지자체 주도의 관광개발이 섬의 본래 가치를 훼손하고 있다고 비판했다.

현재 고성 죽도 일원에서는 대형 기중기와 중장비가 동원된 대규모 관광 인프라 공사가 본격적으로 진행되고 있다. 이 공사는 섬과 육지를 연결하는 해상길을 포함해, 지역 해양관광 자원을 활성화하기 위한 복합 개발 사업이다.

죽도 일대는 2018년 해양수산부로부터 '해중경관지구'[14]로 지정되었다. 바닷속 생태계와 경관이 우수하고 수도권 접근성이 뛰어나 해양레저관광 거점 시범지역으로도 선정된 바 있다.

---

14 바닷속 경관이 뛰어나고 생태계가 보전되어 있는 해역 중 해양수산부장관이 해양관광 진흥을 위하여 지정하는 해역

죽도에서 바라본 오호해변(2025년 6월)

섬을 삼킬 듯한 해상공사 현장(2025년 6월)

현재 조성 중인 관광단지에는 해상 데크와 전망대, 해중공원, 탐방로, 친환경 주차장, 상업시설 등이 포함되어 있으며 송지호 해변과 죽도를 잇는 780m 길이의 해상길과 함께 산책로, 실내 다이빙장, 서핑장, 체험장이 들어설 예정이다.

이 사업은 '강원 고성 광역 해양관광 복합지구 조성사업'의 일환으로, 총사업비 410억 원(국비 205억 원, 지방비 205억 원)이 투입되며, 고성군의 위탁을 받은 한국농어촌공사가 추진하고 있다.

강원도 고성군에서 가장 큰 무인도인 죽도는 아름다운 경관 뿐 아니라 특정 식물과 조류, 해양 생물이 외부 간섭 없이 살아가는 '생태적 격리 공간'이다. 그러나 최근 추진되는 산책로 개설, 전망대 설치, 선착장 정비 등의 개발 계획이 이 섬의 생태 균형을 위협할 수 있다는 우려가 나오고 있다.

죽도는 섬 안에 습지가 있는 독특한 생태군락을 지닌 지역으로 평가받고 있다. 때문에 외부 요소가 유입되면 섬의 민감한 생태계가 무너질 수 있다. 특히 무인도는 자정 능력이 뛰어나지만 인공구조물이 들어설 경우 식생 변화, 생물 이동 경로, 바람 흐름 등에 영향을 받을 수 있다.

섬의 생태계는 '보이지 않는 경계' 속에서 지켜져 왔으며, 개발은 그 경계를 허무는 첫 번째 균열이 될 수 있다. 특히 죽도처럼 오랜 시간 사람 손이 닿지 않은 섬일수록 고유한 생태를 유지하는 것이 무엇보다 중요하다. 한 번 훼손된 섬 생태계는 수십 년이 지나도 회복되지 않는 경우가 많다.

송지호해변과 죽도 사이에 형성된 모래톱. 모세의 기적이라고 부르는 길이
열린다.(2022년 2월)

해조류의 천국, 죽도 바닷속 생태계가 위험하다

죽도 주변 바닷속은 지누아리, 곰피, 모자반, 미역 등 다양한
해조류가 풍부하게 자라는 해양 생태계의 보고다. 이들 해조류
군락은 단순한 수중 식물 집합체를 넘어, 다양한 어류와 해양생
물의 산란장과 은신처 역할을 하며 지역 어업자원 유지에 중요한
역할을 한다.

김형근 강릉대학교 해양생물학과 명예교수는 죽도 주변의 해
조류 군락이 동해안에서 매우 중요한 생태적 거점이라고 설명했
다. 그는 해안 개발과 인공구조물이 해류와 수질에 영향을 주어
해조류 서식 환경을 급격히 변화시킬 수 있다고 우려했다. 또한
무분별한 개발이 계속되면 해조류 군락이 쇠퇴하고, 이로 인해
다양한 해양 생물이 서식처를 잃어 수산자원 감소로 이어질 수

있다고 경고했다.

죽도 주변 해안은 자연스러운 해류의 흐름에 따라 모래가 이동하고 쌓이면서 건강한 해변 환경을 유지하고 있다. 특히 이 지역은 동해안에서 유일하게 매년 한 차례 '모세의 기적(서해안에서 썰물 때 바닷물이 양쪽으로 갈라져 길이 열리는 바다 갈라짐 현상)'이 일어나는, 육지와 섬이 연결되는 모래톱이 형성되는 특별한 지형적 특징을 지닌다. 그러나 최근 추진 중인 인공구조물 설치는 이러한 자연스러운 해류 흐름을 왜곡시킬 가능성이 크다.

관광객 윤중원 씨는 "서해안에서는 자주 볼 수 있는 '모세의 기적'을 동해안에서는 오직 죽도에서만 경험할 수 있었는데, 이제는 그 모습조차 보기 어려울 것 같아 안타깝다"라고 말했다. 그는 인공다리를 건너는 것보다 모래톱을 밟으며 이상향 같은 섬으로 향하는 경험이 더 깊은 인상을 남긴다며 아쉬움을 표했다.

전라남도 완도나 신안과 같은 유인도(사람이 거주하는 섬)는 주민의 일상생활 편의를 위해 다리나 인공시설 설치가 필요할 수 있다. 하지만 죽도는 사람이 거주하지 않는 무인도다. 이 점에서 유인도에 적용되는 개발 논리와 무인도에 대한 접근은 확연히 달라야 한다.

무인도인 죽도는 자연환경 보호가 최우선이어야 한다는 점에서 무분별한 인공개발 추진에 신중을 기해야 한다. 관광객 증가를 위한 단기적 수익에만 집착하는 개발 방식은 결국 죽도의 고유한 자연자산을 잃게 만드는 결과를 초래할 수 있다.

죽도는 단순한 관광지가 아니라, 자연이 보호해온 소중한 생

죽도 공사 현장. 2022년 10월에 착공한 공사가 한창 진행 중이다.(2025년 6월)

태계의 보고다. 죽도의 지속 가능한 미래를 위해서는 개발보다는 그대로 보존하는 방향으로 나아가야 한다. 이는 미래 세대에 대한 책임이다. 사람의 발길이 드문 죽도 같은 섬에 인공구조물이 들어서고 사람의 왕래가 잦아지면 생명체들은 그 자리를 떠날 것이다. 지금은 자연의 가치를 되살리고, 그 고요한 아름다움에 다시 귀 기울여야 할 때다.

그저 잠시 편의와 이익을 위해 자연의 숨결을 잃어버리는 일이 없기를, 사람의 손길이 닿더라도 그 안에 '공존'의 마음이 스며 있기를 바란다. 죽도의 바람과 파도, 모래와 풀들이 오래도록 제 모습으로 살아 숨 쉬며, 그 자리에 서는 이들에게 여전히 '살아 있는 자연'의 이야기를 들려주길 바란다. 개발이 되고 몇 년이 흐른 후, 죽도가 망가지고 있다는 기사가 다시 실리지 않기를 바라는 마음이다.

침식에 무너지는 사각지대의 경고

동해안 지역에서 반복적으로 발생하는 해안가 침식 현상이 지역 사회와 환경에 심각한 영향을 미치고 있다. 최근 몇 년간 해안선 후퇴와 모래사장의 소실이 가속화되면서, 해안가 침식은 단순한 자연 변화가 아닌 장기적인 환경적 위기로 이어질 우려가 커지고 있다.

잘못 선택된 구조물이 침식을 악화시킨다

경북 울진에 소재한 봉평해수욕장은 1984년 개장한 해수욕장이다. 백사장 길이는 약 250m로 아담한 해안가였다. 소나무와 해당화, 깨끗한 백사장이 있어 해수욕장의 조건을 고루 갖추고 있는 해변이었다.

2024년 10월 방문한 해변은 해당화와 모래밭 대신 낭떠러지 아래로 굴러 떨어질 듯한 돌들과 흉물스러운 구조물들이 쌓여 있는 모습만 보였다. 주택과 상가 앞 해변이 3~5m 낭떠러지로 변해 언제 붕괴될지 모를 위험한 상태였다. 여기에 생활 하수관로로 사용되던 파이프가 그대로 노출되어 있어 침식의 심각성을 짐작할 수 있었다. 펜션을 운영하는 한 주민은 불안하고 무서워서 살 수가 없고, 손님이 끊긴 지도 오래되었다며 하소연했다.

침식 방지를 위해 설치된 구조물은 언제 바닷속으로 잠길지 모른다. 주민들이 불안감을 호소한다. 처음부터 제대로 된 시설을 설치했어야 하는데, 임시방편으로 처리된 시설로 인해 예산만 낭비되고, 근본적인 대책은 없다. 식당을 운영하는 점주도 구조물 위를 넘는 파도의 위엄에 두려움을 느끼며 불안해했다.

경북 울진 봉평해변. 연안침식으로 노출된 하수관로(2024년 11월)

경북 울진 봉평해변. 위험에 노출된 건물앞에 침식방지 구조물
(2024년 11월)

해양수산부는 기후 변화로 인한 해수면 상승과 인공구조물 설치 등으로 연안침식이 심화됨에 따라, 2015년 울진 봉평해변을 연안침식 관리구역[15]으로 지정하고 해안침식을 방지하기 위한 헤드랜드[16]를 설치했다.

헤드랜드는 연안 모래 이동의 순환체계를 안정화시켜 침식을 방지하는 시설로, 미국과 일본 등에서 사용되고 있다. 국내에서는 속초 영랑동 해안과 울진 봉평해변에만 설치된 상태다. 하늘에서 내려다본 해안은 인공 헤드랜드 사이에 모래가 빠져나가 수심이 깊어진 모습이 관찰된다. 북쪽, 중앙, 남쪽에 위치한 인공 헤드랜드는 방파제처럼 보이며, 구조물 사이로 모래가 흡수되듯 사라져 중앙부에는 모래가 거의 없는 상태다.

봉평해변은 연안방재 사업을 진행했으나 침식이 오히려 심화되어 추가 대책이 필요한 상황이다. 침식을 막기 위한 사업이 오히려 침식을 악화시킨 결과를 초래했다. 올 하반기에 설치된 임시 모래주머니도 큰 파도가 밀려오면 언제 바닷속으로 잠식될지 모른다.

한국항만협회 강윤구 박사는 "속초 영랑해변과 울진 봉평해변의 헤드랜드는 설치해서는 안 되는 구조물이다. 헤드랜드를 너무 맹신해서 불러온 결과물이다"라고 말하면서 침식을 막겠다고

---

15 연안침식이 심각하거나 피해가 우려되는 지역을 국가가 지정·관리하여 침식 피해를 예방하고 체계적으로 대응하는 공간이다.

16 해안에서 바다 쪽으로 불쑥 튀어나온 지형을 의미하며, 일반적으로 '곶(串)'과 같은 뜻으로 사용된다. 헤드랜드는 해양과 해안 지형에서 방파제 역할을 하며, 지리적 이정표로도 널리 활용된다.

경북 울진군 봉평해변의 임시복구지대(2024년 11월)

한 사업이 더 큰 침식을 일으킨 해안시설의 문제점을 지적했다.

사각지대에 놓인 침식현장

강원특별자치도 양양군 설악해변은 속초시와 양양군 경계에 위치한 침식 사각지대로, 해안가에 숙박업소, 상가, 주택이 밀집해 있다. 2024년 11월에 찾은 해변은 주택가에서 불과 2m를 거리에 두고 절벽이 나 있고 그 아래는 각종 해양쓰레기들이 몰려 있었다. 어선 접안을 위한 방파제 건설 이후 해변은 지속적으로 침식되어, 모래 유실과 토양 붕괴가 발생하고 있다. 침식 문제뿐만 아니라, 각종 생활 쓰레기가 몰려들어 해변이 마치 쓰레기 하치장처럼 변했다.

삼척시 초곡해변은 침식의 사각지대에 놓여 있다. 인근 원평해변에서 침식 방지를 위해 설치된 잠제와 이안제가 오히려 그 여파를 초곡해변으로 전이시켰다. 이로 인해 침식 현상이 발생하고, 사고 위험이 커지고 있다.

2024년 11월 찾은 해변은 절벽이 3~4m 높이로 형성되어 있었다. 침식 방지를 위해 설치된 콘크리트 벽은 큰 파도가 몰아치면 바닷속으로 잠길 위험에 놓여 있었다. 좁다란 해변 위에는 주택과 상가, 비치파라솔 등이 설치되어 그 위험 수위를 높이고 있었다.

해송 군락 안으로 2~3m만 들어가면 레일바이크 선로다. 불과 몇 년 전에 레일바이크 선로가 무너져 내려 가동을 중단했던 바로 아래 해변이다.

콘크리트 방호벽이 무너지면 레일바이크 선로가 또다시 무너질 위기에 처한다. 해양수산부는 해안침식의 심각성을 인정해,

침식 방지를 위해 구축된 콘크리트벽이 무너질 위기에 놓여 있는
삼척 초곡해변(2024년 11월)

2020년 제3차 연안정비 기본계획에 이 지역을 포함시켰다. 2021년 12월에는 착공에 필요한 실시설계까지 끝냈다. 하지만 실제 공사는 아직 시작하지 못했다.

갈 길 먼 연안정비 사업

2024년 10월 방문한 반암해변은 항입구에 퇴적물이 산처럼 쌓여 있다. 인근 해변은 침식으로 절벽이 형성돼 고파랑이 밀려오면 언제든지 마을이 물에 잠길 위험에 노출되어 있었다.

고성군 반암해변은 연안정비 기본계획에 따라 100억 원을 투입해 수중방파제 200m, 돌제 100m, 양빈 2만m² 등을 설치했지만, 침식 방지에는 큰 효과를 보지 못했다. 최근에는 항구 시설 개선을 위한 100억 규모의 어촌뉴딜 사업이 진행되었다. 하지만 어민들의 가장 큰 고민인 해안가 침식 문제는 여전히 해결되지 않고 있다.

근본적인 문제를 해결하지 못한 채 임시방편적인 사업이 반복되며 예산 낭비라는 비판을 피하기 어려운 상황이다. 구조물이 설치된 이후에도 침식과 퇴적 현상은 매년 계속되고 있다.

마을 주민들은 매년 반복되는 침식 현상에 불안감을 느끼고 있다. 한쪽에는 모래가 쌓이고 다른 쪽은 파여 나가니 언제 파도가 집까지 밀려올지 몰라 자다가도 해안가로 나와보기도 한다는 주민도 있었다.

연안침식 방지를 위해 잠제를 설치했으나 침식이 반복되고 있는
고성 반암해변(2024년 10월)

　연안침식 문제는 단편적인 조치로는 근본적인 해결이 어렵다. 정부와 지자체, 전문가, 지역 주민이 함께 협력하는 지속 가능한 관리체계 구축이 요구된다. 침식 진행 상황에 대한 정밀한 조사와 과학적 데이터를 기반으로 한 정책 수립 역시 필수적이다. 기후변화와 해수면 상승 등 미래 환경 변화까지 고려한 장기적인 전략이 필요하다. 앞으로는 해안의 생태 · 환경 · 사회적 가치를 종합적으로 고려한 균형 있는 대응이 이루어져야 할 것이다.

변해버린 해변, 잠 못 이루는 날들

도대체 어떻게 살란 말입니까? 불안해서 잠 못 이뤄요. 누구를 위한 시설입니까!

강원특별자치도 고성군 해안가 마을 주민들의 하소연이다. 반암·교암·천진해변에는 연안침식을 막기 위해 잠제가 설치되어 있지만, 기대한 효과를 거두지 못해 주민들의 분노가 커지고 있다.

2025년 2월 반암해변을 찾았다. 해안가에서 내려다본 풍경은 위태롭기만 했다. 해안침식이 진행되면서 백사장은 낭떠러지로 변했다. 그 아래로 무너진 지반과 드러난 생활시설들이 보였다. 거센 파도가 칠 때마다 깎여 나가는 모래언덕은 불안감을 더욱 키웠다.

이곳에 항포구 건설을 한 뒤 항 입구에는 모래가 퇴적되고 해변에선 심각한 침식이 발생했다. 해안침식을 막기 위해 2022년, 잠제 200m를 설치했으나 효과는 없고 침식만 더 심화되고 있다.

마을주민 정기여 씨는 "과거에는 이곳에서 50여 미터를 걸어

잠제 설치 이후 연안침식이 가속화되고 있는 고성 반암해변(2025년 2월)

나가 조개도 잡고 해수욕을 했는데, 앞바다에 설치된 시설들(잠제)이 마을을 위협하고 있다"라면서 "특히 바람이 부는 날에는 모래가 앞마당까지 들어와 정상적인 생활을 하기가 어렵다"라고 토로했다. 다른 주민은 쌓인 모래를 가리키며 고성군의 행정을 탓했다. 그는 "(고성군이) 어촌뉴딜사업을 한다고 쓸데없는 낚시터만 개발하고 주민들의 안전을 위한 일은 등한시하고 있다"라고 주장했다.

교암해변은 완만한 경사와 양질의 모래로 가족 단위의 관광객들이 많이 찾던 해수욕장이었다. 그러나 연안 개발로 인해 침식 피해가 발생했다. 이를 방지하기 위해 109억 원을 투입해 잠제 3개소(300m)와 친수호안공 372m를 설치하는 방재사업이 추진됐고, 2019년 완료되었다. 하지만 잠제 설치 이후 해안침식은 오히려 가속화되었다. 특히 해안가 도로가 침수되고 옹벽이 드러나면서 구조물 붕괴에 대한 주민들의 불안이 커지고 있다.

이 마을의 이장인 한인동 씨는 "이 해변은 원래 수심이 얕고 주변이 암반으로 되어 있어 해안침식과는 거리가 먼 천혜의 해변이었다"라면서 "불필요한 잠제가 설치되면서 해안침식이 심해졌고, 잠제는 침하되어 제 역할을 제대로 하지 못하고 있다"라고 지적했다. 이어 "많은 예산을 들여 잠제를 설치했지만, 체계적인 계획 없이 진행되었기 때문에 이런 결과가 나왔다"라고 불만을 토로했다.

교암해변 앞에 설치된 잠제를
바라보며 시설물의 문제점을
제기하는 마을 주민

고성군 교암해변.
연안침식으로 도로 앞에
시설물들이 쓰러져 있는 현장

　강원도 고성군 천진해변 역시 침식이 급속도로 심화되고 있다. 필자가 현장을 방문한 지 한 달도 채 되지 않았음에도 해변이 크게 줄어든 것을 눈으로 확인할 수 있었다. 지역의 상징이었던 시계탑이 이전되었고 넓던 백사장도 눈에 띄게 축소됐다. 특히 사람들이 자주 오가는 옹벽 아래 받침대가 파도에 의해 떨어져 나갔으며 전봇대도 쓰러질 듯 위태롭게 서 있었다.

해안침식으로 콘크리트 구조물이 위험하게 노출되어 있는 고성 천진해변(2025년 2월)

　마을 주민 함홍렬 씨는 "군청에 여러 차례 재난 요청을 했지만, 담당자들이 현장을 방문하고도 아무런 대책 없이 돌아갔다"라며 "주민들은 파도가 심한 날이면 불안에 잠을 이루지 못하고 새벽마다 바닷가를 확인한다"라고 호소했다.

　박규현 씨 또한 "해변이 관광지인데 바닷모래가 계속 유실되고 있다"라며 "설치된 잠제가 오히려 악순환을 초래하고 있다. 항구는 있지만 배가 정박할 수 없어 차라리 잠제를 철거하는 것이

낫다"라고 지적했다.

아래 사진은 2025년 1월 방문했을 때의 모습인데, 지금은 시계탑과 포토존이 해안가 도로변으로 후퇴해 있다. 이는 해변 침식의 심각함을 보여준다.

고성군 천진해변 백사장에 설치한 시계탑과 포토존이 바닷속으로 잠길 위기에 처해 있다.(2025년 1월)

한계 드러낸 고성군 침식 방지 사업

천진해변의 침식 문제는 고성군이 진행해온 침식 방지 사업의 한계를 드러내고 있다는 지적을 받고 있다. 전문가들은 침식 방지를 위한 사업이 제대로 이루어지지 않았거나, 잘못된 방식으로 진행된 결과라며, 재검토와 보다 근본적인 대책이 필요하다고 말한다.

경상대 허동수 교수는 "잠제와 같은 대형 해안 시설물은 설계 당시의 기준과 환경 변화에 따라 지속적인 보수와 재검토가 필

반암해변에 해안침식 방지를 위한 잠제가 설치되어 있다.

요하다"라며 "현 상황은 초기 설치 이후 관리 부실로 인한 결과로 보인다"라고 설명했다. 즉, 기존 시설물의 안전 점검 및 개선 작업이 시급하고, 장기적인 해안 보호 대책이 필요하다.

김용복 강원 도의원은 사업 입찰 방식에 문제가 있다고 지적했다. 공정성과 형평성을 이유로 조달청에 발주를 맡기지만 이는 행정의 안일함에서 비롯된 것이며, 해안 지형, 파도 흐름, 퇴적물 이동 등에 대한 이해는 지역 주민이 더 높음에도 불구하고 조달청 주도의 입찰 방식에서는 이들의 의견이 충분히 반영되지 않을 가능성이 크다는 것이다.

강원 고성군 해변의 풍경은 더 이상 평화롭지 않다. 항포구 건설과 잠제 설치 이후, 주민들이 오랫동안 누려온 해변은 거센 파도와 심각한 침식으로 위협받고 있다. 한때 해수욕과 조개 채취를 즐기던 마을 앞바다는 이제 주민들의 일상을 불편하게 만드는 공간이 되었다. 주민의 말처럼, 바람이 부는 날 모래가 앞마당까지 밀려오는 현상은 해안 개발과 연안정비가 가져온 아이러니를 보여준다. 해변은 단순한 자연 풍경이 아닌, 사람들의 삶과 맞닿은 공간임을 경고하고 있다.

동해안에 퍼지는 톱니바퀴 자국

2025년 10월, 강원도 동해안의 모래사장은 예년과 다른 모습을 하고 있다. 바다와 맞닿은 해변이 일정한 간격으로 움푹 파여 마치 거대한 톱니바퀴가 바다를 갉아먹은 듯한 형태를 보이고 있다. 하늘에서 드론으로 내려다보면 그 형상은 더욱 뚜렷하다. 해안선이 들쭉날쭉 이어지며, 바다가 해변을 톱질하듯 파고든 흔적이 선명하다.

동해 망상해변을 걷던 방문객 김광운 씨는 "전에는 이런 모양을 본 적이 없다. 올여름 가뭄에 이어 가을 장마까지 겹치더니 이

동해 망상해변 커스프(beach cusps)

런 현상이 나타나는 것 같아 불안하다"라고 말했다.

동해안 전역으로 확산되는 '커스프' 현상, 해류 변화 신호?

삼척을 비롯해 강릉, 고성 등의 해안가를 취재한 결과, 곳곳에서 '커스프(Beach cusps)'[17] 현상이 잇따라 목격되고 있다.

삼척에서 처음 관찰된 이 현상은 북쪽으로 갈수록 폭이 넓어지고 깊이도 깊어지는 경향을 보인다. 드론으로 촬영한 영상에서는 각 지역 해변의 톱니 모양 간격과 형태가 놀라울 만큼 유사하게 나타나며, 이는 동해안 전역에 걸친 해류 변화의 영향을 받은 결과로 추정된다.

삼척해변 커스프(beach cusps)

---

17 연안류와 이안류가 규칙적으로 일정한 간격을 두고 발생할 때 해안에 형성되는 둥근 모양의 언덕 구조를 말한다. 해안선을 따라 일정한 간격으로 움푹 들어간 부분과 앞으로 돌출된 부분이 번갈아 나타나는 것이 특징이다.

강릉 사천해변도 모래사장이 규칙적으로 절개된 듯 갈라져 있고, 고성 일대에서도 해안선을 따라 새로운 홈이 생겨나고 있다.

전문가들은 이 현상이 기후변화와 관련 있을 수 있다고 보고 있다. 해안침식을 연구하는 김진훈 박사는 "이런 '커스프' 현상은 보통 겨울철에 나타나지만, 이번 사례는 매우 이례적"이라며 "10월 1일부터 26일 사이 동해안에 지속적으로 발생한 고파랑의 영향으로 형성된 것으로 보인다"라고 설명했다.

삼척과 강릉 일대에서 촬영한 영상을 보면, 파도가 밀려올 때 물이 해변으로 빨려 들어갔다가 다시 바다로 빠져나가며 소용돌이를 만들고, 이 과정에서 모래 입자가 함께 이동해 바다로 유출된다. 이로 인해 침식과 퇴적이 반복되면서 해변은 톱니바퀴 모양으로 형성된다.

매주 동해안 해안을 걷는 이성경 씨는 "전에는 곧게 뻗은 백사장이었는데, 요즘은 발밑이 울퉁불퉁해 걷기 불편하다"라며 "사진으로 보면 신기하지만, 실제로 보면 바다가 땅을 잡아먹는 것처럼 보여 무섭기도 하다"라고 말했다.

동해안은 계절에 따라 해류 방향이 달라지며, 특히 겨울철에는 북동풍과 높은 파랑이 반복돼 해안선이 끊임없이 변한다. 커스프 현상은 최근 몇 년간 이상기온으로 수온과 조류 흐름이 불규칙해졌고, 항만 건설과 방파제 확장 등 인위적 요인이 겹치면서 자연스러운 모래 이동이 차단된 결과라는 지적이 나온다. 해안의 균형이 무너지고 있다.

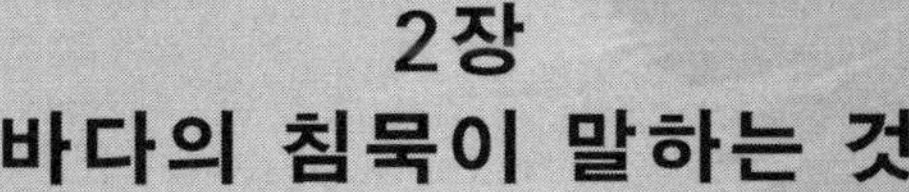

2장
바다의 침묵이 말하는 것

2장
바다의 침묵이 말하는 것

새벽의 바다는 늘 비슷하게 보인다. 그러나 30년을 그 바다와 함께 살아온 어부의 눈에는 작은 변화조차 낯설게 다가온다. 그가 던진 그물은 점점 가벼워지고, 파도 아래에서는 조용한 재난이 벌어지고 있다.

한때 푸르렀던 바다는 이제 '하얀 바다'가 되었다. 해조류가 사라진 자리에는 생명이 머물지 않는다. 인공어초를 수없이 쌓고, 수백 억의 예산을 투입해도 바다는 쉽게 회복되지 않는다. 복원은 일시적인 행사로 끝나고, 그 뒤에는 다시 침묵뿐이다.

막힌 하천은 연어의 길을 끊고, 바다로 향하던 생명들은 모래의 벽 앞에서 길을 잃는다. 그 벽은 인간이 쌓은 것이지만, 이제는 인간조차 넘을 수 없는 경계가 되었다. 동해안의 모래언덕은 경고음을 보낸다. 갇힌 생명, 멈춘 파도 흐름, 그리고 인간의 욕심이 만들어낸 불균형.

경포호는 녹조의 늪이 되었고, 관광지의 반짝이는 조명 아래에서 물빛은 더 이상 푸르지 않다. 고성 대진항의 어민들은 말한다. "이젠 성게도 귀해요." 풍요의 바다는 사라지고, 남은 건 바다의 경고뿐이다.

　이 장은 조용하지만 깊은 바다의 목소리, 생명의 사라짐이 말
없이 남긴 흔적, 그리고 인간의 무관심이 만든 회색의 풍경을 담
았다.
　바다는 말을 하지 않는다. 그러나 그 침묵이야말로 가장 큰
경고이다.

경력 30년 어부의 절규

하얗다. 움직임이 없다. 푸른 물결은 사라졌다. 바다는 숨을 멈췄고, 생명은 자취를 감췄다. 이곳은 지금 천천히 무너지는 동해안 바닷속이다.

우리는 종종 산불과 같은 육상의 재난에 대해서는 재난재해를 선포하고 대책을 마련하지만 바닷속에서 벌어지고 있는 비상 상황에 대해서는 여전히 미온적인 태도를 보인다. 산불이 발생하면 정부와 사회는 신속하게 대처한다. 하지만 바닷속의 위기는 방치되고 있다. 바다의 생명선인 해양 생태계가 무너지는데도, 그저 바라만 보고 있을 뿐이다.

바다사막화, 더 이상 외면해선 안 될 바다의 비상신호

'바다사막화'는 수온 상승, 오염, 해양 개발 등으로 해조류와 해초가 급격히 줄어드는 현상이다. 한때 울창했던 바다숲은 황폐한 모래밭과 하얀 암반으로 변해가고, 그곳에 기대어 살던 해양 생물들은 서식지를 잃고 떠난다. 어민들은 "바다생물이 보이지 않는다"라고 말하고, 해양과학자들은 "바다의 사막화가 현실이 되었다"라고 경고한다.

해조류는 단순히 바다에 사는 식물이 아니다. 파래, 매생이, 미역, 톳, 다시마 등 해조류는 해양 생물에게는 집이자 먹이이며, 인간에게는 귀중한 식량 자원이다. 더불어 대기 중의 이산화탄소를 흡수하고 산소를 방출해 지구온난화를 늦추는 데 중요한 역할을 한다.

강원 양양에서 30년 넘게 어업에 종사해온 박철부 어촌계장은 요즘 바다에 나가는 일이 예전만큼 반갑지 않다고 말한다.

예전에는요, 그냥 바다에 나가 그물만 던져도 가자미고 광어가 잘도 잡혔습니다. 해조류가 많으니까 물고기들도 그 안에 숨어 살고, 산란도 하고 그랬죠. 근데 요 몇 년 사이 바닷속이 이상해졌어요. 해조류가 싹 없어지고, 바닥이 그냥 모래밭이에요. 텅 비었어요. 물고기가 있을 리가 없죠.

박 계장은 이 현상을 '바다에 생기가 없어진 것'이라고 표현했다. 예전에는 맨눈으로도 보이던 바다숲이 지금은 거의 사라졌고, 잡히는 물고기의 양도 눈에 띄게 줄었다고 한다.

육지에는 대책, 바다는 방치?

사람들은 바다의 환경 문제에 무관심하다. 육지의 산불에는 즉각적인 관심과 대응이 이루어지지만, 바다에서 해조류가 죽고 바다숲이 사라져도 제대로 된 조사나 보도가 이루어지지 않는다.

'바다식목일'이라는 이름으로 매년 5월 10일 바다에 해조류를 심는 행사가 있지만, 대부분 일회성에 그친다. 시민들의 인식은 여전히 낮고, 정책과 예산도 부족하다. 바다식목일은 행사와 캠페인 중심으로만 운영되고 있으며, 연중 지속되는 해중숲 조성과 관리 정책은 여전히 미흡하다. 또, 산림녹화에 비해 해양생태 복원 관련 사업 예산은 현저히 적다. 진정한 복원은 단지 심는 것으로 끝나지 않는다. 바닷속 생태환경을 회복하고, 사라진 생물들이 다시 돌아올 수 있게 장기적이고 과학적인 복원 계획이 필요하다.

평생을 어업에 종사해온 강릉에 사는 정상록 씨는 "산에 불나면 뉴스에 나오고 헬기도 뜨잖아요. 근데 바닷속이 썩어가도 아무도 몰라요. 바다도 똑같이 살아 있는 공간입니다. 지금 이 바다가 우리 자식들에게 그대로 이어질 수 있을지… 솔직히 걱정이 많습니다"라며 정부의 미온적인 대처에 불만을 제기했다. 원광대학교 생명과학부 최한길 교수는 최근 바다숲 소실 문제와 관련해 "지금 필요한 건 인식의 전환입니다. 바다숲이 사라지는 것을 단순한 환경 문제가 아니라 '생태계 재난'으로 봐야 합니다"라고 강조했다. 그는 이어 "바다숲을 되살리는 일은 단순한 생태 보전이 아닙니다. 기후위기에 대응하고 미래 식량 안보를 확보하는 중요한 투자이기도 합니다. 우리가 방치할수록 회복에 필요한 시간과 비용은 기하급수적으로 늘어날 것"이라고 말했다. 최 교수는 바다숲 보호와 복원을 위해 국가 차원의 체계적인 모니터링과 장기적인 복원 사업이 반드시 필요하다고 덧붙였다.

미래 식량, 생태계의 최후 보루

해조류는 미래의 중요한 식량 자원이 될 수 있다. 기후위기와 식량위기가 맞물린 시대에 바다는 단순한 어획 장소를 넘어 인류 생존의 자원이 될 수 있다. 그 가능성은 현재 우리의 행동에 달려 있다.

해조류는 이미 아시아권에서는 중요한 먹거리로 자리 잡았고, 서구권에서도 그 가치를 다시 조명하고 있다. 중국에서는 의약품, 일본에서는 식품으로 활용되고 있는 다시마가 대표적이다.

암반에 뿌리를 내린 다시마와 미역. 미래의 식량이자 탄소흡수원의 역할을 하게 될 해조류다.

문제는 정작 우리 스스로 이 자원을 제대로 보호하거나 활용할 준비가 되어 있지 않다는 점이다. 바다숲이 사라지고 있는데도 복원과 보호에 대한 사회적 관심은 여전히 낮고 해조류 보호와 바다숲 복원이 환경운동에만 머무르고 있다.

전 세계가 기후위기 대응과 탄소중립 실현을 위한 해법을 모색하는 가운데, 바닷속 해조류가 새로운 탄소흡수원(블루카본)[1]으로 주목받고 있다. 현재 해양 생태계 중 맹그로브, 염습지, 해초(seagrass) 등 일부만이 IPCC[2]의 가이드라인에 따라 블루카본으로 인정받고 있다. 그러나 해조류는 광합성으로 이산화탄소를 흡수해 고정하는 능력이 뛰어남에도, 연안에 뿌리를 내리지 않고 자유롭게 떠다닌다는 이유로 블루카본에 포함되지 못했다.

원광대학교 생명과학부 최한길 교수는 "해조류는 생장 속도가 빠르고 이산화탄소 흡수 효율이 높기 때문에, 향후 기후변화 대응 자원으로 매우 유망하다"라며, "동해처럼 해양 생태계가 다양한 지역의 해조류 자원을 면밀히 분석하고, IPCC 기준에 맞춘 검증 자료를 확보한다면 공식 인증도 시간 문제일 것"이라고 말했다.

---

1 해양 및 연안 생태계, 특히 맹그로브 숲, 염습지, 해초류, 해조류 등이 대기 중의 이산화탄소를 흡수하고 저장하는 것을 의미한다.
2 Intergovernmental Panel on Climate Change, 기후변화에 관한 정부 간 협의체. 유엔의 전문 기관인 세계기상기구(WMO)와 유엔환경계획(UNEP)에 의해 1988년에 설립된 조직이며, 인간 활동에 대한 기후변화의 위험을 평가하는 것이 주 임무다.

　해조류는 어업 자원이자 탄소 흡수원이라는 '이중 가치'를 지닌다. 그동안 해양의 탄소흡수 기능은 간과됐지만, 이제 해조류도 공식적인 탄소흡수원으로 인정받을 날이 다가오고 있다. 바다는 육지처럼 불타거나 연기를 내뿜지 않지만, 조용히 사막화하며 생명의 터전을 잃고 있다. 우리는 바다를 '숲'으로 인식하고 관심과 대책을 마련해야 한다. 바다를 지키는 일은 곧 우리 미래를 지키는 일이기도 하다.

인공어초만으로는 바다를 살릴 수 없다

돌이킬 수 없는 재난상황, 바다의 백색재앙

2024년 해양수산부의 조사에 따르면, 우리나라 연안의 전체 조사 암반 면적 428.44km^2 중 약 37.13%에 해당하는 159.07km^2 에서 갯녹음[3] 현상이 확인되었다. 지역별로 보면 동해 49.26%, 제주 39.02%, 남해 17.61%, 서해 8.20%로, 특히 동해안과 제주 지역의 피해가 심각한 것으로 드러났다.

우리나라는 2009년부터 해양 생태계 회복을 위해 '바다숲' 조성에 나서 전국 2,700여 곳, 여의도 면적의 약 120배에 달하는 347.2km^2 규모의 해역에 바다숲을 조성해왔다. 한국수산자원공단은 2030년까지 총 5만 4,000ha 규모로 확대할 계획이다.

바다 생태 복원의 희망, 성공 사례로 본 인공어초의 가능성

강원 강릉 사천 앞바다. 한때 황폐했던 이곳은 지금, 다시 살

---

3   연안 암반에서 해조류가 사라지고 무절석회조류가 달라붙어 암반이 하얗게 변하는 현상으로, 바다사막화, 백화현상으로도 불린다.

물속 암반에 해조류 대신 성게만 붙어 있으며, 암반 표면이 하얗게 변하고 있다.

아난 해조류와 물고기로 활기를 띠고 있다. 그 중심에는 '인공어 초'[4]가 있다.

바다숲 조성사업을 진행 중인 전찬길 박사는 "사천 연안은 한 동안 해조류가 사라져 해양 생태계가 위축됐지만, 최근 지역 환경에 맞춘 맞춤형 인공어초를 도입하면서 바다숲이 회복되고 있다"라고 밝혔다. 그는 이어 "과거에는 단순한 구조물 설치에 그쳤지만, 이제는 해저 지형, 조류, 일조량 등 지역 특성을 반영한 어초 설계가 이루어지고 있다"라며, "특히 강릉 사천 지역은 낮은 수심과 완만한 경사에 적합한 어초를 통해 해조류 번식과 해양 생물 유입 효과가 크게 향상됐다"라고 긍정적으로 평가했다.

실제로 인공어초 설치 이후 이 지역에서는 감태, 곰피 등 해조

---

4 물고기가 많이 모이도록 하기 위하여 암석, 폐선(廢船), 콘크리트 블록 따위를 바닷속에 넣어 놓은 것.

류가 자생하기 시작했고, 이를 따라 돌삼치, 놀래미, 전복 등 다양한 어종이 서식하기 시작했다. 인근 마을에서 어업에 종사하는 김세중 씨는 "예전엔 빈 그물만 걷어 올리기 일쑤였는데, 요즘은 어획량도 조금씩 회복되고 있어 어민들 사이에선 '인공어초 덕분에 바다가 살아났다'는 말이 돈다"라고 말했다.

바다숲은 해양 생태계를 회복하는 중요한 열쇠이다. 실제로 바다숲이 조성된 지역에서는 해조류 생체량이 106.5% 증가하고, 종다양성은 43.7% 늘어났으며, 갯녹음 면적은 52.6% 감소하는 성과를 보였다. 이처럼 성공 사례는 인공어초가 단순한 해양 구조물이 아닌, 생태 복원과 어촌 경제 활성화의 핵심 도구가 될 수 있음을 보여준다. 하지만 이러한 긍정적 효과를 지속하려면 설계부터 설치, 관리까지 전 주기의 철저한 계획과 실행이 필수적이라는 공통된 목소리가 이어졌다.

어초에 걸린 그물. 잘못 설치된 인공어초들은 제 역할을 하지 못한 채, 어민들에게 피해만 주고 있다.

방치된 인공어초, 수중 쓰레기로 전락

한때 해양 생태계 복원의 희망이었던 인공어초는 이제 전국 곳곳에서 오히려 생태계 파괴와 오염의 원인으로 지목되기도 한다. '바다숲 조성' 취지와 달리 관리 부실로 방치되며 해양 폐기물로 전락한 사례도 늘고 있다. 설치보다 효과와 사후 관리에 대한 재점검이 필요한 시점이다.

강원도 양양 광진해변과 속초해변 일대에 설치된 인공어초들이 해조류와 어류에 제대로 정착하지 못한 채 방치되고 있어, 해양 생태계와 선박 안전에 위협이 되고 있다. 특히 강릉 영진 앞바다에 설치된 인공어초는 생물이 있었던 흔적 없이 폐기물과 해양 쓰레기만 쌓여 '쓰레기 집합소'가 되었다. 민간 다이버 M씨는 수중 조사에서 해조류 대신 이끼와 오염물질만 가득하며, 수질 악화와 해양 생물 회피 현상이 심각함을 목격했다고 한다. "망가진 인공어초 구조물에 어구들이 걸리면서, 자칫 어선이 전복될 위험까지 있습니다. 사업만 해놓고 제대로 관리하지 않으니 이런 문제가 생기는 겁니다. 지금 인공어초가 제 역할을 하고 있는지 전면적인 조사가 필요합니다"라고 말하는 양양 어촌계 어민의 이야기도 들을 수 있었다.

바다숲 조성의 실패 원인은 다음 세 가지이다. 첫째, 설치 전 생태 환경 분석의 부족. 둘째, 지역별 해류 및 지형 특성을 무시한 획일적 설계. 셋째, 철저하지 않은 사후 관리. 해양수산부는 전국에 10만 기가 넘는 인공어초를 설치했지만, 이들의 유지 상태나 실제로 바다숲으로서의 기능을 할 수 있을지에 대한 체계적인 점검은 이뤄지지 않고 있다.

동해안 양양·강릉 해역의 인공어초는 남북으로 흐르는 연안류와 겨울철 강한 너울, 암반과 사질 지반이 혼재한 해저 지형을 고려해 저중심·전도 저항형 구조로 설계하고, 수심 8~30m 범위에서 해조류 착생과 어류 은신이 동시에 가능하도록 배치해야 한다. 또한 자연 암반과 기존 해조장과의 연결성을 유지하는 가운데 정밀 설치와 지속적인 모니터링을 통해 해조류 복원과 어업 회복을 함께 이루는 생태 기반 시설로 조성되어야 한다.

문제의 핵심은 잘못된 설치와 관리 부재다. 설계와 환경에 대한 충분한 고려 없이 투입된 인공어초는 바닷속에서 무용지물이 되거나, 심지어 해류를 막고 퇴적을 유발해 해양 생물의 이동을 방해하고 있다. 일부 어초는 바닥에 파묻혀 기능을 상실했고, 녹이 슬거나 파손되어 주변 환경을 오염시키는 실정이다.

단순히 인공어초의 면적을 늘리는 방식만으로는 바다사막화와 같은 근본적인 해양 문제를 해결할 수 없다. 김장균 인천대학교 교수는 많은 어초가 설치 이후 방치되고 있으며, 해조류나 어류의 실제 서식으로 이어지지 못하는 사례가 적지 않다고 말했다. 그는 "어초의 구조적 적합성뿐 아니라, 설치 위치, 해류 조건, 주변 생물과의 조화 등을 고려한 과학적 접근이 필수적"이라며, 단순한 시설 설치 위주의 행정이 아니라 사후 모니터링과 생태적 효과 분석이 병행되어야 한다고 강조했다. 또한, 바다숲 조성 사업이 단기적인 성과 위주가 아니라 지속가능한 생태계 회복이라는 장기적 관점에서 이루어져야 한다고 덧붙였다.

이처럼 인공어초가 본래의 목적을 잃고 '죽은 구조물'이 되어가는 사이, 해양 생태계는 더욱 피폐해지고 있다. 그런데도 정부와 관계 기관은 여전히 미온적인 태도로 일관하고 있다. 실효성 검토와 사후 관리, 환경영향평가에 대한 관심은 부족하고, 해마다 사업은 반복된다.

이제는 바다도, 정책도 '보이는 결과'보다 '보이지 않는 원리'에 주목해야 한다. 바다는 실험장이 아니다. 그 안에는 수천 년 동안 살아온 생명체들의 질서가 존재한다. 산불에는 정부와 사회가 신속히 대응하지만, 바다는 해수 온도 상승 탓으로만 돌린 채 별다른 조치를 취하지 않는다. 바다의 위기는 마치 아무 일도 없는 것처럼 방치되고 있으며, 해양 생태계가 무너지고 있음에도 우리는 그저 바라보고 있을 뿐이다.

양양 광진리 박철부 어촌계장은 "산불이 나면 송이버섯이 자라지 않듯, 바다에 숲이 없으면 물고기도 돌아오지 않는다"라며 "정부가 산림 복원 정책을 펴듯, 바다숲 복원을 위한 실질적이고 지속 가능한 정책이 시급하다"라고 강조했다.

한국수산자원공단의 고군분투

현재 바다숲 조성에 본격적으로 나선 기관은 한국수산자원공단이 유일하다. 이들은 일부 해양 생태계 복원을 위해 바다숲 조성 작업을 지속하고 있지만, 이 같은 노력만으로는 바다사막화를 막기에는 역부족이다.

해조류와 해양 생물의 생태계 복원을 위한 적극적인 프로그램과 예산이 절대적으로 부족한 상황이다. 해양 생태계 복원을 위한 프로그램은 바다숲 조성과 갯녹음 회복, 생태형 인공어초와 자연형 해저지형 복원, 핵심 종과 먹이망 재건, 수질·퇴적 환경 개선과 기후변화 대응을 종합적으로 추진하는 과정이지만, 무엇보다 사전 지형·해류 분석이 충분히 이뤄지지 않고 설치 이후의 장기적인 사후 관리와 모니터링이 제대로 작동하지 않는 구조적 문제가 복원 효과를 크게 떨어뜨리고 있다. 해조류 이식 사업, 인공어초 설치, 인공 산란장 조성 등 다양한 복원 방안이 존재하지만, 이를 체계적으로 추진할 정부 정책은 여전히 미흡하다.

정부의 해양 생태계 복원 정책은 지역 사회와의 협력과 소통 면에서 여전히 부족하다. 동해안의 어민들과 지역 주민들은 해양 생태계 변화에 대해 가장 먼저 경고한 주체들이지만, 이들의 목소리는 정책에 충분히 반영되지 않고 있다. 해양 환경은 지역마다 다르고, 그에 따른 대응도 달라야 한다. 따라서 지역 특성에 맞춘 맞춤형 정책 수립이 절실하다.

전 한국수산자원공단 관계자에 따르면, 바다숲 사업은 약 4년에 걸쳐 해저 기반 조성과 해조류 이식·식재를 마친 후, 사후 관리와 유지 관리를 지방자치단체에 이관하는 방식으로 운영되고 있다. 그러나 재정자립도가 낮고 바다숲에 대한 관심이 부족한 일부 지자체에서는 이러한 관리가 제대로 이루어지기 어려워, 바다숲 보전에 어려움이 있다. 때문에 지속 가능한 바다숲을 조성하기 위해서는 조성 단계뿐 아니라 관리까지 수산자원공단이 직접 맡는 방식이 필요하다.

강원특별자치도 글로벌센터 수산정책과 관계자는 해조류 복원을 위한 지자체 예산이 전무한 상황에서, 인공어초의 설치 위치조차 파악하기 어려운 실정이라고 밝혔다. 이러한 상황에서 지자체가 바다숲 관리까지 맡는 것은 무리이며, 차라리 사업을 시행하지 않는 것이 나을 수도 있다는 것이다. 또한 인공어초를 관리할 인력과 예산이 전혀 없으며, 바다숲에 대한 이해가 부족한 지자체장이 있는 경우 해양 생태계가 황폐해지는 것을 지켜볼 수밖에 없는 것이 현실이다.

이 같은 구조적 한계는 단기적인 성과에 그치는 보여주기식 사업이 아닌, 지속 가능한 해양 관리 체계의 필요성을 다시금 일깨운다. 바다의 회복은 단순한 조성 사업이 아닌, 지역과 중앙이 함께 꾸준히 이어가야 할 '공동의 과제'다.

해양 생태계 복원을 위해 정부는 단기 처방이 아닌 장기적이고 종합적인 전략을 수립해야 한다. 해수 온도 상승에 대응하고, 해양 보호구역을 확대하며, 해조류 복원 프로그램을 강화하는 등 구조적 접근이 시급하다. 이 과정에서 핵심은 단순 구조물에 그치는 인공어초가 아니라 실제로 해양 생물이 서식할 수 있도록 설계, 설치되는 기능성 인공어초의 도입이다. 지금처럼 아무렇게나 투하된 철제와 콘크리트 구조물은 오히려 바다를 오염시키는 요인이 될 뿐이다. 또한, 지역 어민과 해양 전문가가 참여하는 현장 중심의 정책 설계가 필요하다. 이들의 경험과 목소리는 생태계 복원의 실효성을 높이고, 지속 가능한 수산업의 기반을 구축하는 데에도 결정적이다. 특히 동해안은 해조류 감소와 어장 황폐화가 심각한 수준으로, 이는 단순히 지역 문제가 아니라 국가적 차원의 위기로 다뤄져야 한다. 바다사막화를 막기 위한 관심과 투자를 대폭 확대해야 할 시점이다.

허울뿐인 바다식목일

매년 5월 10일, 한국수산자원공단과 일부 지방 자치단체, 기업들은 '바다식목일'을 맞아 전국의 동·서·남해와 제주 해역에서 바다 생태계 보호를 위한 체험 행사를 진행한다. 이 행사는 해양 환경의 소중함을 알리고 보전 의식을 높이는 데 목적이 있다. '바다식목일'은 2012년 법정기념일로 제정되었으며, 2013년 제주에서 첫 공식 행사를 한 뒤 매년 기념일 행사를 하고 있다.

2025년 13회를 맞은 바다식목일 기념행사가 5월 9일, 경남 통영시 한산대첩광장에서 '바다숲이 들려주는 생명의 이야기'를 주제로 열렸다. 현장에는 바다숲 VR 체험, 수중 드론 전시, 바다숲 메시지 보드 등 다양한 체험 프로그램이 마련됐지만, 행사 실효성에 대한 의문이 제기되고 있다. 행사가 형식에 치우쳐 있으며, 실제 해양 생태 복원과의 연계가 부족하다는 것이다. 특히 행사에 동원된 어업인, 공무원, 학생 등 제한된 인원만 참여하면서 행사 내용과 성과가 국민에게 충분히 공유되지 않는 점도 문제로 꼽히고 있다.

행사 프로그램의 실효성에 대한 비판도 제기되고 있다. 특히 통영시 화삼리 일대의 잘피숲[5] 복원을 목적으로 진행된 '잘피 이식 퍼포먼스'는 황토와 결합한 잘피 모종을 사용하는 방식이지만, 생육 환경에 맞는 잘피 이식이 아닌 보여주기식으로 진행되어 실제 해양 생태계 복원과 효과적으로 연계되지 않는다는 지적이 나오고 있다.

행사에 참석한 한 어민은 "우리 같은 어민들이 바다숲 조성에 직접 참여할 수 있게 해주면 좋겠어요. 어디에 어떤 해조류를 심는지, 수산 자원에 어떤 영향을 주는지 알려주고, 결과도 투명하게 공개하면 관심도 더 커질 겁니다. 우리야말로 바다 생태계 변화에 가장 민감한 사람들이니까요"라며 어민들의 목소리에 귀 기울여줄 것을 당부했다. 강원 양양에서 수산업에 종사하는 한 어민은 "2016년 양양 수산항에서 바다식목일 행사를 할 때만 해도 바다숲 조성에 대한 기대가 컸지만, 해가 갈수록 행사의 의미가 퇴색하고 이제는 언제 행사가 열렸는지도 모를 지경"이라며 특히 이번 행사에 강원도 동해안은 아예 빠져 있다고 아쉬움을 토로했다.

자연의 리듬 무시한 복원, 오히려 해조류 죽이는 식재

해조류의 성숙기인 5월에 맞춰 5월 10일을 바다식목일로 지정한 배경에는, 눈에 띄는 단기적 성과를 중시한 보여주기식 접

---

5   잘피(zostera spp.)는 얕은 연안의 모래·펄 바닥에 뿌리를 내리고 자라는 바다식물로, 넓게 군락을 이루면 이를 잘피숲이라 부른다

근이 자리하고 있다. 해조류 이식과 조사를 전문으로 한 업체의 대표는 해조류 식재 시기를 고려하지 않는 현재의 방식에 문제를 제기했다. 해조류는 종류마다 포자 방출 시기가 다르고, 해역별로 적합한 종이 따로 있기 때문에 생태적 특성을 반영한 식재가 이뤄져야 한다. 특히 대부분의 해조류가 5월이면 생장을 마치기 때문에, 이 시기에 심는 것은 생태적으로 큰 효과를 기대하기 어렵다고 강조했다. 이제는 퍼포먼스에 치우친 행사가 아닌, 해양 생태계의 건강성을 되살리기 위한 실질적이고 장기적인 복원 정책으로 나아가야 할 때다.

바다식목일이 형식적인 행사를 넘어, 실질적인 해양 생태 복원의 날로 거듭나기 위해서는 생물 다양성과 지역 특성을 반영한 맞춤형 식재, 장기적인 사후관리, 어민과 시민이 함께하는 지속 가능한 협력 구조가 필요하다. 특히 해역별 생태 조사와 이에 기반한 복원 계획 수립이 선행돼야 한다. 포자 채취 시기, 수온, 해저 지형 등 기초 환경 조건을 고려하지 않을 경우 바다숲 조성은 단순한 '녹색사업'에 그칠 수 있다.

현재 바다식목일은 해양 생태계 위기를 근본적으로 해결하기 위한 논의의 장이 되기보다는 '형식적인 행사' 수준에 머물러 있다. 행사 당일 해조류 모종을 심고 단체 기념촬영을 하는 것으로 대부분의 일정이 끝나며, 이후 해조류의 생존률이나 해양 환경에 어떤 영향을 미쳤는지에 대한 사후 관리는 거의 이뤄지지 않는다. 정부 포상 역시 실질적 기여보다는 형식적 안배에 가까워 보인다. 법정기념일의 의미를 살리기 위해서는 포상 대상자의 기여를 면밀히 평가하고, 그에 걸맞은 선정과 수여가 이뤄져야 한다. 그래야만 바다식목일의 의미도 살아나고, 진정한 성과가 존중받을 수 있을 것이다.

장태헌 서해5도연합인어업회장은 "바다식목일이 원래 취지대로 해양 생태계 회복을 위한 계기가 되어야 하는데, 현실은 그렇지 못합니다. 식재 이후, 이 해조류가 얼마나 살아남았는지, 바다 생태에 어떤 변화가 있었는지에 대한 사후 관리는 거의 없습니다"라며 특히 정부의 포상 제도에 대해서 냉정한 시선을 던졌다. "포상도 일종의 '나눠주기'로 인식되는 경우가 많습니다. 정말 바다를 살리기 위해 현장에서 뛰는 분들이 정당한 평가를 받고 있는지 의문이에요. 법정기념일에 걸맞은 기여를 한 이들에게 포상이 주어질 때, 그 성과도 자랑스럽게 여겨질 수 있겠죠"라며 바다식목일의 실효성에 대해 우려를 표했다.

해조류가 사라지면 바다 생명도 사라진다

푸른 바닷속 해조류는 단순한 식물이 아니다. 다시마, 미역, 감태 등으로 대표되는 해조류는 수많은 해양 생물의 집이자 먹이, 산란처다. 하지만 최근 해조류가 빠르게 사라지고 있다. 이는 곧 바다 생명의 기반이 무너진다는 뜻이다. 해조류는 바다의 생태계뿐 아니라 기후 안정에도 중요한 역할을 한다. 바닷속 이산화탄소를 흡수하고 저장해 지구 온난화를 늦추는 자연의 탄소흡수원이다. 그런데 해수 온도 상승, 오염, 남획, 해조류를 갉아먹는 성게의 급증 등으로 해조류는 점점 설 자리를 잃고 있다.

해조류가 사라진 바다에는 생명도 희망도 없다. 우리는 해조류 숲을 되살려야 한다. 해양 생태계 보전, 기후 대응, 어업 생계 모두가 이 일에 달려 있다. 해조류를 지키는 것은 곧 바다를 살리는 길이다.

다시마가 떠난 바다

해양생물들에겐 보금자리가, 어민들에게는 삶의 터전이 되어주었던 다시마. 그 푸르고 무성하던 다시마가 사라지고 있다. 몇 년 전까지만 해도 바다를 꽉 채웠던 다시마는 한 뿌리도 찾아볼 수가 없다. 바닥을 가득 채워야 할 해초들이 듬성듬성 있을 뿐이고 허옇게 민낯을 드러낸 바위에는 속 빈 성게와 불가사리만이 다닥다닥 붙어 있다. 강원 고성 문암해변의 모습이다.

2023년 3월에 만난 수중촬영 전문가는 "문암해변은 동해안 북단이라 다시마가 가끔 보였지만, 올해는 다시마가 전혀 보이지 않고 다른 해조류도 한두 뿌리만 남아 있으며, 백화 현상 지역이 점점 늘어나고 있다"라며 안타까워했다.

다시마에는 10~20여 종의 생물들이 기대어 산다. 생장이 빠른 다시마는 어류의 서식처요 전복, 성게 등 수산생물의 먹이원이다. 생계를 위해 다시마에 의존해 살았던 해녀와 어부들에게는 희망과 생계의 원천이기도 했다.

1990년대까지만 해도 동해안 다시마 생산량은 1,000여 톤을 웃돌았다. 다시마 수확철이면 어촌마다 어른, 아이 할 것 없이 모두가 동원되었다. 해안 경계를 위해 설치했던 철조망은 다시마를 말리는 건조대 역할을 했다. 해안가 도로는 다시마를 말리는 마을 주민들의 자리였다.

어구를 손질하고 있는 강원 강릉시 강동면 정동진 어촌계장을 만났다. 그는 "바닷가에 가면 발에 걸리는 게 다시마였는데 지금은 찾으려야 찾을 수도 없고 먹으려야 먹을 수 없게 되었습니다. 다 잃고 나서야 다시마의 소중한 가치를 알 수 있었습니다"라고 아쉬워했다.

동해안에는 두 종류의 다시마가 있다. 토종 다시마(학명 '게다시마')와 참다시마다. 20~30m 깊은 수심에서 자라는 토종 다시마는 강릉 사근진 앞바다에만 자생한다. 토종 다시마는 옆이 두껍고 알긴산[6] 성분이 풍부해 건강보조식품으로 많이 활용된다. 반면 참다시마는 얕은 해안에서 자생하며, 감칠맛이 뛰어나 식재료나 밑반찬으로 자주 이용된다.

동해안에서 다시마가 사라진 것은 여러 환경 변화가 누적된 결과였다. 특히 2002~2003년 강릉을 강타한 태풍으로 육지의 토사가 대량 유입되면서 다시마 포자가 암반에 제대로 붙지 못했고, 그로 인해 토종 다시마가 먼저 자취를 감췄다. 그러나 당시에는 참다시마가 비교적 안정적으로 남아 있었기 때문에 다시마 자원 감소에 대한 우려는 크지 않았다.

이후 수온 상승과 해안 개발, 각종 공사로 인한 해저 교란, 반

---

6   다시마·미역·감태 등 갈조류 세포벽에 존재하는 천연 다당류로 물을 만나면 점성을 띠고 젤(gel)을 형성하는 특성을 가진다.

2002년 태풍 루사 당시 각종 토사가 바다로 유입되는 현장

복된 동해안 산불로 유입된 재와 토사가 바다를 지속적으로 혼탁하게 만들었다. 그 결과 다시마가 자랄 수 있는 환경이 점차 붕괴되었고 결국 2017년을 전후해 참다시마마저 동해안에서 사라지게 되었다.

언론은 다시마가 사라지는 바다환경의 심각성을 인식하고, 다시마를 복원해야 한다는 절박한 현실을 기사화했다. 이에 2017년 1월 강릉원주대 다시마협의체를 중심으로 수협중앙회, 수산자원공단이 함께 세미나와 포럼을 개최하고, 남북해조자원교류원 설립을 통해 동해안 다시마 복원 활동을 꾸준히 이어갔다.

이런 사정을 뒤늦게 파악한 정부와 지자체에서는 다시마를 살리기 위한 예산을 배정했다. 그러나 시의성 없고, 나눠주기식 예산 배정은 다시마를 복원하는 데 한계가 있었다. 다시마 자원을 회복하기 위해서는 자연 회복에만 의존하기보다 체계적인 양식으로 전환해야 한다. 실제로 동해안보다 해양 환경이 열악한 남해안 금일도는 다시마 양식에 성공해 전국 생산량의 약 70%를 차지하고 있다. 다시마 수확철이면 섬 전체가 분주해진다. 서해안 백령도 또한 양식 성공 이후 자연산 다시마까지 자리 잡으면서 어민 소득 향상에 기여하고 있다.

동해안에서도 가능성은 확인됐다. 2018년 다시마가 사라졌던 양양 앞바다에 백령도 참다시마를 이식한 결과, 이듬해 참다시마가 7미터 이상 자라는 성과가 나타났다. 이는 지속적인 관리와 예산 지원이 뒷받침된다면 동해안에도 다시마 숲을 복원할 수 있음을 보여준다.

양양에서 다시마 양식에 성공했던 어민 김영화 씨는 "정부가 명태 자원 회복 예산의 10분의 1만 투자해도 동해안은 다시마 물결로 가득 차고 어민들이 평생 생계를 이어갈 수 있을 것"이라며 지원 부족에 대한 아쉬움을 토로했다.

지금 동해안 바다는 죽어가고 있다. 푸르른 바다숲으로 가득 채워야 할 다시마는 보이지 않는다. 어민들의 절망만 짙어갈 뿐이다. 바다가 인류에게 준 최고의 식자재, 다시마. 우리는 동해안에서 다시마 숲을 복원, 새로운 희망을 건져야 한다.

하천을 막는 모래언덕의 경고음

강물이 바다로 흐르지 못하고 멈췄다. 하구에 형성된 모래언덕이 물의 흐름을 막아 강과 바다의 연결을 끊으면서, 고인 물속 생물들은 갈 길을 잃었다. 자연스럽게 바다로 흘러가야 할 모래가 하구에 쌓여 해안선 후퇴를 가속화하고, 정체된 물은 생태계를 위협하고 있다. 해안선 후퇴 현장을 본격적으로 조사하기 위해 2024년 9월부터 강원 고성부터 경북 울진까지, 동해안 하천 하류를 하늘에서 내려다보았다.

강릉, 연곡천. 오대산 자락에서 흘러 동해로 흐르는 하천(2024년 9월)

110

백두대간은 대한민국 하천 흐름의 분수령 역할을 한다. 백두대간에서 발원한 하천들은 서쪽, 남쪽, 동쪽으로 나뉘어 흐르며 권역별로 독특한 특징을 보인다. 서쪽과 남쪽으로 흐르는 하천은 완만한 경사로 인해 길게 이어지며 대규모 하천으로 발달한다. 이 하천들은 넓은 유역을 바탕으로 농업과 생활용수를 공급하며, 지역에 중요한 자원을 제공한다. 동쪽으로 흐르는 하천은 짧고 경사가 급하며, 동해로 유입된다. 강수량과 지형 변화에 민감해 주변 생태계에 중요한 역할을 한다.

강원특별자치도 동해안 강하구의 모래언덕은 짧은 하천에서 공급된 모래가 강한 동해 파랑과 갈수기 유량 감소, 인공구조물 영향으로 씻겨 나가지 못하고 사구식물에 의해 고정되며 형성된다.

드론 촬영으로 하늘에서 본 결과, 강원 고성 북천에서 경북 영덕 송천강까지의 대부분 하천들이 본래 기능을 잃고 제 역할을 하지 못하는 것으로 확인되었다. 모래 이동이 차단되어 하천 흐름이 막히고 바다와 강을 잇는 생태 통로가 단절되었다. 이로 인해 하천물이 모래언덕에 갇혀 바다로 흐르지 못하고, 기수[7] 지역 생물도 사라졌다.

---

7   바닷물과 민물의 섞여 염분이 적은 물

바다로 흘러야 할 모래, 갈 길을 잃다

울진 척산천

경북 울진의 척산천은 하류에 모래가 퇴적되어 바다와 하천의 생태계가 죽어가고 있다. 척산천은 태백산 기슭에서 발원하여 울진군 기성면의 중앙부를 흐르는 하천으로 산세가 바르고 앞내가 맑게 흐른다고 하여 '정명천'이라고도 불렸다고 한다. 정명천은 두 개의 지류가 정명리 앞에서 합류하여 척산리와 기성리를 거쳐 동해로 합류하는데, 기성리에 위치한 하천을 척산천이라 부른다.

2024년 11월 하늘에서 내려다본 척산천 하류에는 거대한 모래언덕이 형성되어 있었다. 남북으로 이어진 모래톱이 하천의 물 흐름을 차단하며 생태계를 위협하고 있다. 넓게 펼쳐진 모래밭에는 사람들의 발자국이 남아, 생태 통로의 고통을 보여주는 흔적으로 남아 있다. 하구에 형성된 모래언덕은 물의 흐름을 막아 정체된 물웅덩이를 만들었다. 고인 물은 오염 물질이 축적되어 수질 악화와 생물 다양성 감소의 원인이 되었다.

마을 주민은 "예전에는 맑은 물이 바다로 흘러갔는데, 이제는 물이 갇혀 썩는 냄새까지 난다"라고 말했다. 현장 상황이 이런데도 울진군청 관계자는 모래가 쌓이면 준설 요청을 받아 모래를 퍼 올리고, 이를 인근에 보관한 후 공공목적으로 활용한다고만 밝혔다.

척산천 하류 옆에는 모래를 건자재로 활용했던 시설이 있다.

척산천 하구 옆에 멈춰선 모래선별기(2024년 11월)

골재용 모래 선별기는 녹슬고 방치되어 안전사고를 초래할 위험이 커지고 있다. 오래전 가동이 중단된 것으로 보이지만, 울진군 기성면 관계자는 공사 중단 시점조차 파악하지 못하고 있다. 지역 주민들은 선별기가 낡고 위험한 상태로 방치되어 있어, 안전사고나 환경 오염을 일으킬 수 있다고 우려하고 있다.

모래 흐름 차단은 영양물질의 바다 유입을 막아 수질 악화를 초래하며, 기수 지역 차단은 폭우나 해수면 상승 시 침수와 침식을 유발해 저지대 마을에 심각한 환경 피해를 줄 수 있다. 하천 하류의 모래를 그대로 방치할 경우, 해안재해에 그대로 노출될 수 있기 때문에 적절하게 준설해서 바다로 돌려줘야 한다.

강릉 연곡천. 하천에서 내려온 토사가 하구에 쌓여 있어 물의 흐름을 차단하고 있다.
(2024년 9월)

강릉 연곡천

강릉 연곡천은 오대산에서 시작해 동해로 이어지는 하천이다. 소금강 지류에서 내려온 토사가 하구에 쌓여 모래언덕을 형성하며, 유량이 충분하지 않을 경우 물길이 막혀 고여버린다. 2024년 9월 현장에서 확인했을 때, 강물이 바다로 나가는 길은 보이지 않고 모래언덕은 시간이 지날수록 점점 높아지고 있었다. 모래언덕이 강과 바다를 막아 생물이 이동하지 못하면서 하천이 죽어가는 상태가 된 것이다.

강릉에서 낚시를 하러 온 이기종 씨는 "예전에는 투망만 던지면 물고기를 한 바구니씩 잡았습니다. 그런데 요즘에는 고기조차 구경할 수 없어요"라며 물고기가 서식하기 어려운 환경으로 변한 하천을 안타까워했다.

삼척 마읍천. 천에서 내려온 토사가 덕산해변에서 막혀 있다.(2024년 9월)

삼척 마읍천

마읍천은 맑은 물과 기암괴석이 어우러진 계곡으로 뱀장어와 메기, 민물개 등이 서식하던 깨끗한 하천이었다. 그러나 2024년 9월에 현장을 방문했을 때, 그해 여름 폭우로 바다로 흘러가지 못한 흙탕물이 고이는 현상이 목격되었다. 이 하천도 하구가 퇴적되면서 바다와 민물을 오가던 생물들이 점차 사라지고 있었다. 다른 지역에서는 볼 수 없는 민물고기가 많았지만, 최근에는 모래가 바닷가에 쌓여 있어 바다에서 물고기가 올라오는 길이 막혀 안타까운 실정이다.

하구는 단순히 물길의 끝이 아니라 해양과 육지를 연결하는 중요한 생태계 허브다. 따라서 지속 가능한 관리를 통해 자연과 인간이 공존할 수 있는 환경을 만들어야 한다.

바다와 강의 순환고리

고성 북천

강원도 고성의 간성읍 북쪽을 흐르는 북천은 백두대간 허리인 진부령 부근에서 발원해 간성읍을 거쳐 동해로 흐른다. 이 하천들의 하류에는 비교적 넓은 평야가 전개되어 있다. 북천의 남·북 방향 해변은 규모가 큰 사빈이 연속적으로 발달하고 있다. 사빈의 배후에는 해안사구가 발달하고 사구에는 해송이 자라고 있다. 홍수기에는 하천의 유량이 증가하면서 자연스럽게 모래가 빠져나가는 길이 열린다. 이 길을 따라서 하천의 많은 모래가 바다로 나간다. 하늘에서 보면 하구 아래 방향으로 물길이 터져 있는 것을 볼 수가 있다. 이 길은 모래를 날라주는 길이기도 하지만 연어와 황어가 올라오는 길이기도 하다.

고성 북천. 백두대간 진부령 부근에서 발원해 동해안으로 흐르는 하천(2024년 9월)

양양 남대천

강원도 양양군 남대천 하구에 위치한 낙산해변과 송전해변은 백사장이 드넓다. 백사장의 주 모래 공급원인 남대천이 있기 때문이다. 양양 남대천은 백두대간 허리 자락에서 45km를 지나 동해안으로 흐른다. 풍부한 유량과 긴 수로는 많은 양의 모래를 바다로 유입시켜 해변에 공급되는 모래가 풍부하다. 이로 인해 주변 해안은 연안침식이 없다.

2024년 10월, 하늘에서 본 양양 남대천에서 하천 하류 중앙이 바다와 강을 연결하는 통로임을 확인할 수 있었다. 이 길을 따라 매년 10월 중순, 연어는 산란을 위해 남대천으로 회귀한다. 연어는 동해와 베링해를 거쳐 성장한 뒤 고향으로 돌아오며, 남대천은 한국 연어의 70% 이상이 회귀하는 주요 하천이다.

바다와 강을 이어주는 하천은 생명의 통로 역할을 하며, 다양한 생물들이 번식하고 서식할 수 있는 환경을 제공한다. 특히 연

양양 남대천. 오대산에서 발원해 동해안으로 유입되는 강 가운데 가장 긴 강(2024년 10월)

어와 같은 회귀성 종들의 회귀를 돕고, 지역 생태계의 건강을 유지하는 데 중요한 역할을 한다.

연안침식 원인, 하천길이 막히다

바다로 흘러가야 할 모래 퇴적이 되어 있다. 동해안 대부분 하천 하류에서 나타나는 특징이다. 산과 하천에서 내려온 모래는 바다로 흘러 해빈을 형성해 주어야 하는데 그 길이 막혀 연안침식을 유발한다.

울진 왕피천

왕피천은 경상북도 금장산에서 발원하여 울진군을 지나 동해로 흘러드는 지방 1급 하천이다. 우리나라 최대의 은어 서식지로 산란철이면 바다에서 강으로 회귀하는 반짝이는 은어 떼를 볼 수 있는 곳으로, 왕피천 다리의 이름과 모양도 은어를 형상화했다. 2024년 11월, 하늘에서 보니 하천이 바다로 흘러가기 전에 모래언덕이 형성된 모습이 보였다. 이 모래언덕은 관광객들에게는 산책로가 되지만, 바다로 흘러가야 할 모래를 가로막는 장벽이기도 하다.

이 지역 인근의 망향정 해변로 해안은 심각한 연안침식 문제로 어려움을 겪고 있다. 하천에서 내려온 모래가 해안에 적절히 공급되지 않으면서 연안침식이 가속화된 것으로 분석된다.

경북 울진 왕피천. 금장산에서 발원하여 동해로 흐르는 하천이다.(2024년 11월)

경북 울진의 황보천은 평해읍 월송리 해안에서 동해로 유입되는 하천이다. 하천 하류는 모래가 쌓여 바다로 나가지 못하고 있다. 인근 구산 해변으로 가야 할 모래가 차단되어 모래언덕이 형성되었고, 구산해변은 연안침식으로 피해를 입었다. 연안침식 방지사업으로 잠제를 설치했지만, 전문가들은 이것이 근본적인 해결책은 아니라고 말한다.

강물이 흘러야 할 길이 막히면 모래가 고여 새로운 지형이 형성된다. 이는 주변 생태계와 인간 활동에 영향을 미치며, 기수지역[8]과 인근 해안 지역의 건강에 부정적인 영향을 준다. 모래가 바다로 흘러가지 않으면 해안 지형의 변화가 일어나 지역의 침식과 인프라에 심각한 영향을 미칠 수 있다.

---

8 민물과 바닷물이 만나는 강 하구나 해안선으로, 조석에 따라 해수 유입이 반복되어 염분 농도가 변하는 생태계다.

　강원대학교 지구환경시스템공학과 김인호 교수는 "하천에서 내려가는 모래는 자연스럽게 바다로 흘러가야 하지만 동해안 하천 대부분은 그 흐름이 막혀 있다"라며 "동해안 연안침식을 막기 위해서는 하천에서 유입되는 모래를 침식이 심각한 지역에 적절히 공급해야 한다"라고 강조했다. 이를 위해 하구에 쌓이는 모래를 저장할 수 있는 공간을 확보하고, 침식된 지역에 다시 공급할 방안을 마련해야 한다고 밝혔다.

　하구는 바다로 유입되는 하천의 종착점으로 일반적으로 모래와 퇴적물이 이동해 해안을 보호하는 역할을 한다. 하지만 하늘에서 바라본 하천 하구는 모래언덕이 형성되면서 이러한 자연스러운 이동이 차단되어 있었다. 그 결과, 해안선이 파도와 조류에 의해 급격히 침식되고 있다. 하천 하구 모래언덕 문제가 해안선 침식과 생태계 파괴로 이어지면서 이에 대한 적극적인 대책 마련이 시급한 상황이다.

고향을 잃은 연어

　　　　강과 바다 사이에 모래로 이루어진 길이 형성되었다. 산과 들판에서 흘러내린 모래알들이 모여 언덕을 이루었고, 이 길은 바다와 강을 연결하면서도 동시에 차단하는 역할을 한다. 자연스럽게 바다로 흘러가야 하는 물과 모래를 모래언덕이 막고 있다.

　　2024년 10월 방문한 어느 하천변에서 갈매기는 바다를 바라보고 한가로이 노닐고, 가마우지는 강가에서 먹이를 찾아 두리번거렸다. 겉으로는 멀쩡해 보이지만 조금 더 들여다보면 오염으로 가득 차 있다. 물줄기를 따라 오가는 바다생물과 민물고기들은 모래에게 설 자리를 내주고 멀리 달아났다. 하천 물속은 썩어가 악취가 코끝을 찔렀다. 30여 년 전 은어를 잡고 천렵[9]을 했던 추억이 서려 있는 장소지만, 이제 그 모습은 상상 속에만 남아 있다. 강원특별자치도 강릉시 연곡면에 위치한 연곡천 이야기다.

9　여름철 냇가나 강가에서 물고기를 잡으며 하루를 즐기는 전통 놀이로, 더위를 피하고 여가를 누리기 위해 뜻이 맞는 사람들이 모여 고기를 잡고 매운탕을 끓여 먹는 풍속이다.

강릉 연곡천. 영진항 입구가 가로막혀 바다로 흐르지 못하고 모래톱이 형성되어 있다.

강릉 연곡천은 오대산과 소금강 수림 지대에서 흘러나오는 물로 1급수를 유지해 토속 어종인 뱀장어, 메기, 붕어, 피라미가 자생하는 곳이다. 자신이 태어난 강의 물 냄새를 맡고 찾는 연어, 은어, 황어의 고향이기도 하다. 동해로 흐르는 강이나 냇가에만 산다는 꾹저구[10]가 많아 지금도 옛날의 향수를 이어받은 전문 음식점들이 연곡 읍내에 있다.

연곡천은 오대산과 소금강 지류에서 흘러온 모래가 모이는 하천이다. 원래 이 모래는 바다로 흘러가 해변을 형성해야 하지만, 막힌 모래톱을 터주지 못하고 관계기관에서 방치하고 있어 그 역할이 제대로 이루어지지 않고 있다. 또한 강릉의 영진항은 하구에 퇴적된 모래가 파랑과 연안류에 의해 바다로 원활히 배출

---

10 우리나라 하천과 호수에서 서식하는 민물고기로 지역에 따라 꺽지, 눈불개, 강꺽지 등과 혼용되어 불리기도 하지만 보통 현장에서는 꾹저구라는 이름으로 많이 불린다.

되지 못하고 항내로 유입되면서, 항로가 막혀 선박의 입·출항이 상시적으로 어려운 항퇴 현상을 겪고 있다. 이로 인해 민물과 바닷물이 만나는 기수지역의 생태계가 파괴되고, 모래 공급이 차단되면서 여러 문제가 발생하고 있다. 하류에 퇴적된 모래의 양은 약 20만m^{2}로 추정된다.

해안침식을 연구하는 장성렬 박사는 "연곡천 하류에 쌓인 모래는 15톤 트럭 3만 4,000대 분량입니다. 이 모래가 자연스럽게 바다로 흘러간다면, 동해안 해변의 연안침식 문제 일부를 해결할 수 있습니다"라며 "연곡천은 강과 바다의 흐름을 방해하는 모래톱을 제거해 모래 공급을 원활하게 하고, 물의 흐름을 자연스럽게 유지하는 방법을 찾아야 합니다"라고 조언했다.

영진항 퇴적의 원흉

영진항은 항구 입구에 모래가 퇴적되어 1년에 3~4회 준설 작업이 이루어지는 곳이다. 이는 연곡천에서 바다로 흘러가야 할 모래가 항구 입구에 쌓이기 때문이다. 갯터짐[11]을 주기적으로 해주어야 하는데, 방치되고 있어 바다로 가야 할 모래가 항입구로 유입되고 있는 것이다. 이로 인해 어선들이 무리하게 교행하다 충돌 사고가 자주 일어나며, 선박 하부가 지면과 닿는 사고도 빈번하다.

---

11 하천 하구에 쌓인 모래(사주·모래톱)를 인위적으로 터서 강물이 바다로 원활히 흐르도록 하구를 일시적으로 개방하는 작업을 말한다.

강릉 영진항. 항입구 퇴적으로 매년 3~4회 준설한다.

홍성문 영진어촌계장은 "영진항은 동해안에서 항구 입구 퇴적으로 가장 큰 피해를 입는 곳입니다. 어선끼리 충돌하거나 제때 어업을 못 해 발만 동동 구를 때가 많습니다"라며 "연곡천에서 내려온 모래톱의 중앙을 터주면 항구로 유입되는 모래가 사라질 텐데, 이 문제를 해결하지 못하고 있어 안타깝습니다"라고 아쉬움을 표했다.

바다와 강이 만나는 기수지역은 다양한 생물이 서식하기에 자연적으로 수질 정화 기능을 한다. 그러나 이 지역이 차단되면 오염 물질이 축적되어 수질이 악화될 수 있다. 이미 물 흐름이 차단된 연곡천 하류는 오염이 진행되고 있으며, 이끼가 끼고 하천 바닥은 검은 오염물질로 뒤덮여 있다. 강릉시는 연곡천 하천 정비 명목으로 하천에 우거진 초목과 쌓인 토사를 제거하는 등 하상 정비 공사를 추진했다. 하지만 하상 구조가 바뀌면서 연어, 은

물 흐름이 차단된 하천 하류는 각종 오염물질과 이끼로 썩어가고 있다.

어 등 물고기의 자연산란장이 훼손됐다.

한 마을 주민에 따르면 강릉시에 여러 차례 갯터짐을 요청했지만 아무 소식이 없었다고 한다. 2022년부터 연곡천 생태하천[12]을 조성했지만, 물 흐름을 가로막는 모래톱을 제거하지 않으면 오염된 하천을 맑은 하천으로 바꿀 수 없다.

하천의 상류로 갈수록 오염이 심각해지고 바닥은 메말라 있다. 자연스럽게 흘러야 할 모래는 차단되었고 하얀 모래는 검게 오염되었다. 새들은 먹이를 찾아 나서지만 메마른 하천에는 먹이원이 없어 방황하고 있다.

모래 퇴적은 바다로 공급되는 영양염류를 차단해 해양 생물에게도 악영향을 미친다. 모래에 의존하는 조개와 패류뿐만 아니

---

12 도심이나 주거지 주변의 하천을 생태적으로 복원·개발해 만든 하천이다.

라 암반에 붙어 자라야 하는 해조류도 모래 퇴적으로 인해 암반
에 부착할 수 없게 된다.

연어의 고향 연곡천, 그 기능을 잃다

매년 10월부터 11월까지, 동해안으로 향하는 큰 하천에서는
부화한 연어들이 산란과 수정을 위해 강을 거슬러 올라간다.
강의 중상류는 물의 흐름이 완만하고 모래와 자갈이 넓게 분포
하여 연어가 알을 낳고 보호하기 좋기 때문이다.

연곡천은 연어가 올라오는 생태하천으로 수산자원공단이
매년 연어 포획장을 설치한다. 포획된 어미 연어에서 성숙한
난과 정액을 인공 수정하여 건강한 어린 연어로 성장시킨 후
방류한다. 연어는 2~5년 동안 북태평양을 경유하여 2만km의
여정을 거쳐 동해안 모천으로 회귀한다. 바다에서 전 생애를
보내며 성장하지만 산란철이 되면 고향으로 돌아온다. 그러나
먼 길을 찾아온 연어는 산란할 장소를 바로 앞에 두고 갈 길을
포기해야 한다. 연곡천으로 오르는 길목이 거대한 모래톱으로
막혀 있고 좁다랗게 터진 물길은 오르기엔 너무 버겁기 때문
이다.

강릉시와 수산자원공단은 생태하천인 연곡천 관리에 대해
서로 책임을 미루고 있다. 수산자원공단 동해생명센터 관계자
는 매년 관할 지자체에 모래 준설을 요청하지만 진행되지 않고
있다고 주장한다. 또, 연어가 강을 거슬러 올라가는 시기에는

직원들이 연어길 터주기 작업을 하지만 예산과 인력 부족으로 어려움이 많다고 하소연한다.

연곡천은 연어 자원 조성을 위해 지속 가능한 관리와 보존에 힘쓰고 있지만, 천변 하구에는 동해생명센터에서 설치한 연어 포획 금지 현수막만이 길가에 걸려 있다.

이 지역의 한 어부는 "연어는 한 마리도 보이지 않는데 '연어 포획금지'라는 문구만 걸려 있고 그마저도 거꾸로 매달린 채로 있다. 연어 자원 보존에 관심이 있는지 이해할 수가 없다"라고 말하며 혀를 찼다.

연어뿐만 아니라 다른 바다생물들도 고향을 찾지 못하고 있다. 연어 같은 회유성 어종들은 각 생태계를 넘나들며 이동하는 동안 수많은 생물들을 끌고 다니는 특성이 있다. 산란을 위해 연어가 하천으로 이동할 때, 수달 같은 동물이 연어를 잡아먹기 위해 강가에 모여든다. 연어를 잡아먹은 육상생물은 연어가 가지고 있던 에너지를 숲속으로 전달한다. 어린 연어가 성장을 위해 바다로 나갈 시기에는 강 입구에 수많은 물고기들이 몰려들고, 그 물고기들을 잡아먹기 위해 갈매기와 같은 새들도 몰려든다. 하지만 강과 바닷길이 차단된 연곡천은 회유하는 연어도, 고기를 잡는 낚시꾼도 볼 수가 없다.

낚시하러 온 김모 씨는 "예전에는 천으로 오르는 물고기가 많아서 이 시기에는 물고기를 많이 낚을 수 있었는데, 물길이 차단되면서 강으로 오르는 물고기가 아예 보이지 않는다"라며 아쉬워했다.

　연곡천은 동해바다와 강을 연결하는 주요 통로로, 육지와 바다를 오가는 생물들과 모래 위에서 자생하는 다양한 식물들의 서식지다. 이제는 자연이 고향을 찾아 떠날 수 있도록 길을 터줄 때다.

녹조의 늪, 관광 명소의 그림자

강릉의 대표 관광명소이자 시민들의 휴식처인 경포호수가 심각한 해조류 번식과 악취로 몸살을 앓고 있다. 특히 최근 더위가 심해지면서 물 위에 퍼진 해조류는 눈살을 찌푸리게 할 만큼 미관을 해치고 있으며, 부패된 해조류에서 발생하는 고약한 냄새는 호수 주변을 찾는 시민들과 관광객들을 불쾌하게 만들고 있다.

하루도 빠짐없이 산책을 한다는 한 강릉 시민은 "이곳은 시민들의 산책로이자 휴식 공간인데, 이렇게 방치하다니 도무지 이해할 수 없습니다"라며 불만을 토로했다. 손주들과 함께 나온 한 할아버지도 "이곳은 강릉의 얼굴인데, 이렇게 먹칠을 하다니 정말 화가 납니다"라며 분노했다.

겉은 평화롭지만 속은 병든 호수

2025년 6월 찾아간 경포호수는 겉으로는 평온해 보였지만, 실제로는 심각한 파래류 번식 문제로 몸살을 앓고 있었다. 초여름 햇살 아래 경포호를 찾은 시민과 관광객들은 화사하게 피어난 야생화와 고요한 수면에 감탄하며 사진을 찍고 산책을 즐긴다. 하지만 가까이 다가가 보면 분위기는 급변한다. 호수 가장자리와 수면 곳곳이 짙은 초록빛 파래류로 뒤덮여 있고, 이미 부패가 진행 중인 해조류에서는 악취가 풍겨 나온다.

최근 기온이 빠르게 상승하면서 수온이 높아졌고, 이로 인해 파래류 번식이 급속도로 증가했다. 일부 구간은 물의 흐름이 정체되어 녹조처럼 보일 정도로 파래류가 밀집되어 있다. 이로 인해 물고기와 수서 생물의 서식 환경에도 변화가 감지되고 있으며, 관광객들 사이에서는 "경포호에 더 이상 가까이 가기 어렵다"는 불만이 커지고 있다.

서울에서 가족과 함께 강릉을 찾은 김덕팔 씨는 경포호수의 아름다운 경관이 방치되고 있는 점에 대해 강릉시의 무책임함을 지적했다. 또 다른 여행객인 이주삼 씨는 이 공간이 강릉시민들만의 공간이 아닌 모든 방문객의 휴식처이기 때문에 보기 불쾌한 녹조류를 하루빨리 제거해 주기를 바라고 있었다.

파래류는 물의 흐름이 정체된 구간에서 쉽게 번식하는 특성이 있다. 원래 바다에서 자라는 해조류인 파래는 경포호

파래류와 함께 여러 종류의 이끼가 끼어 악취를 발생시키고 있는 경포호수

수에 바닷물이 유입되는 석호(潟湖)의 특성과 기후 변화 등의 영향으로 호수 내에서도 번식하고 있다. 경포호처럼 유입은 많고 유출은 적은 호수형 수역에서는 파래류 문제가 특히 심각하게 나타난다. 생활하수, 농업 배출수, 하천을 통해 유입되는 질소와 인 같은 비료 성분이 주요 원인으로 지목되고 있으며, 이러한 영양염류는 파래류의 광합성과 성장에 중요한 역할을 한다. 특히 파래류는 부영양화[13]의 원인인 질소와 인을 다량 흡수하는 특성이 있어, 이를 제때 수거만 하면 수질 개선에 도움이 된다.

강릉원주대학교 생물학과 이규송 교수는 "물속의 질소와 인이 파래류에 흡수되지만, 이들이 썩으면 다시 수중으로 돌아간다"라며 "적기에 파래류를 제거하면 경포호 내 질소와 인을 효과적으로 줄일 수 있어 환경적으로도 유익하다"라고 설명했다.

강릉시는 2019년, 2023년과 2024년 경포호의 경관 보호와 악취 예방을 위해 파래류 수거 작업을 꾸준히 진행해왔으며, 언론에 보도된 2025년에도 제거 작업을 진행하였다. 수면에 비치는 달과 사공의 노래가 흐르는 호수가 되기 위해서는 강릉시의 지속적 관리와 주민들의 관심이 절실한 시점이다.

---

13 수질이 빈영양에서 부영양으로 변하는 일. 호수나 하천 수의 식물 영양 염류 농도가 높아짐에 따라 변하게 된다.

성게의 수확량이 줄어든다

항구에 웬 밤송이가! 잘 익은 밤송이를 쌓아 올린 것처럼 항구 한편이 가득 메워졌다. 어민들도 총동원되었다. 2024년 7월, 강원 특별자치도 고성군 대진해변의 성게 수확 작업 현장이다. 동해안 최북단 어장인 대진항에서 성게 수확은 6월 초부터 약 한 달간 이뤄진다. 성게 수확은 해녀들의 몫이다. 대진항의 해녀들은 약 40여 명에 이른다. 새벽부터 출어를 해서 성게가 많이 서식하는 저도어장을 향한다. 5~6시간 동안 이어지는 고된 작업이다.

고성 저도어장은 해조류가 풍부하고 수질이 좋아서 성게 맛이 좋기로 소문나 있다. 한때는 일본으로 전량을 수출할 정도로 어민들에게는 효자상품이었다. 40여 년 성게 사업을 하고 있는 김우진 씨는 "고성 대진 앞바다에서 나오는 성게가 전국에서 가장 맛있다"라고 귀띔한다.

이곳에서 잡히는 성게는 보라성게와 말똥성게가 주류를 이룬다. 보라성게는 깊고 거친 암반에서 해조류를 강하게 갉아먹는 대형 성게이고, 말똥성게는 얕은 연안에서 사는 소형 성게로 생태 교란 영향이 상대적으로 작다. 하루에 200~220kg 정도를 수

강원특별자치도 고성군 현내면에 위치한 대진항

대진항 성게 작업. 성게 수확철이면 온 가족이 함께 작업을 한다.

확하는 성게 작업은 온 가족이 동원된다. 2024년은 예년에 비해 성게가 한 달가량 늦게 나오는 바람에 더욱 바쁜 손길이 이어진다. 성게 작업을 도와주러 온 딸은 힘든 작업이지만 어머니가 성게알 수확으로 대학까지 지원해 준 덕분에 휴가를 내어 돕고 있다고 한다. 성게는 반으로 잘라서 알을 발라낸 후 이물질을 정성들여 제거해야 제대로 된 상품이 된다. 바닷속에서 건지는 작업보다도 이 작업에 더 수고로움이 따른다.

하지만 해녀들의 걱정은 매년 깊어지고 있다. 매년 수확량이 줄고 있기 때문이다. 바다 온난화와 해양오염으로 해조류가 감소하고 있는데, 해조류를 주로 먹고 사는 성게에게는 먹이원이 사라지는 것이다. 개체 수는 늘고 있지만, 알의 크기는 점점 줄고 있다. 50여 년간 물질을 해온 해녀 김모 할머니는 "물질을 해서 아이들 가르치고 손주들 용돈도 주고 했는데 성게가 많이 줄었어요. 이제 아이들 용돈 줄 날도 머지않았어요" 하며 긴 한숨을 내쉬었다.

그의 한숨은 단순한 생계의 문제가 아니다. 그것은 바다의 한숨이자, 우리가 만들어낸 현실의 울림이다. 사라지는 해조류와 텅 빈 성게껍질 속에서 우리는 결국 우리의 미래를 보고 있는지도 모른다.

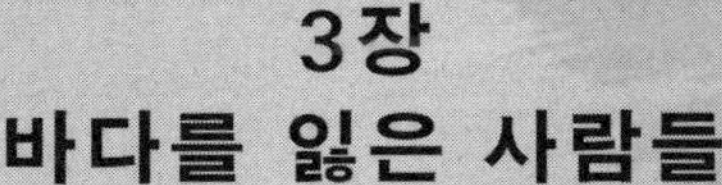

3장
바다를 잃은 사람들

3장
바다를 잃은 사람들

새벽 어스름, 바다로 나서던 어민의 손이 멈췄다. 그물은 더 이상 물고기를 품지 못했고, 모래에 막힌 바다는 생계를 앗아갔다. 모래언덕이 깎이고, 해변이 사라지는 동안 수많은 사람들의 삶도 함께 밀려났다. 삶의 터전은 사라졌지만, 바다를 향한 기억만은 남았다. 강릉해변에는 여전히 실향민의 발자국이 남아 있고, 그들은 잃어버린 고향처럼 바다를 그리워한다.

동해안의 석호는 오랜 세월 바다와 육지의 경계에서 생태의 요람이었다. 그러나 지금 그곳은 '관광 명소'와 '생태의 무덤' 사이에서 흔들리고 있다. 억겁의 시간을 견딘 물길은 결국 막히고, 물빛은 탁해졌다. 해안을 따라가면 그 옆에는 언제나 거대한 침묵이 서 있다. 가동률 10% 남짓의 화력발전소. 회색 콘크리트 덩어리는 지역의 상징이 되었지만 그 불빛은 사람들의 삶을 비추지 못한다.

삼척 원평해변의 백사장은 피서객으로 붐비지만, 관리의 손길은 닿지 않는다. 누구의 책임인지 묻는 목소리는 바람에 섞여 흩어진다. 한때 '동해안 명사십리'라 불리던 맹방해변은 이제 흉물로 변한 발전소 앞에서 울고 있다. 고성의 해안도 다르지 않다.

반암해변 복구 현장에서는 모래를 되돌리려는 사람들의 노력이
이어지지만, 해안선은 다시 무너진다. 관리 부실로 고사한 해송
들은 더 이상 바다를 지켜주지 못한다.

3장은 바로 그 현장의 이야기다. 사람과 바다, 개발과 복원의
경계에서 우리가 잃어버린 것은 무엇인가. 모래와 파도, 바람과
사람의 시간을 따라가며 우리 바다의 기억을 다시 불러낸다.

모래에 막힌 어민들의 생계

한 어민이 항구를 바라보며 근심에 잠겼다. 몇 달 전 항구 입구가 모래에 막혀 고기잡이를 포기했던 기억이 떠올랐기 때문이다. 큰 파도가 오면 다시 막힐까 걱정이다. 모퉁이에 쌓인 검은 모래가 그의 마음을 짓누른다. 바다에 의지해 사는 어민에게 항구가 막히는 것은 생계를 위협하는 일이다. 강릉 안인항에서 항구를 바라보는 그의 모습은 쓸쓸함을 자아낸다.

출어를 포기하고 걱정스런 눈으로 항구를 바라보는 어민

대규모 해상공사가 항구퇴적을 부른다

원래 강릉 안인항은 암반으로 둘러싸여 있어 모래가 퇴적되지 않는 항구였다. 지역민들은 안인화력발전소의 연탄 하역용 방파제 건설 후 모래가 항구 입구로 이동하기 시작했다고 주장한다. 2024년 2월엔 항구 입구가 막혀 배가 오도 가도 못하는 상황이 되었고, 퇴적된 모래를 제거하는 데만 일주일 이상이 걸렸다. 정동진 어촌계장 정상록 씨는 "평생 고기잡이를 해왔지만 이런 일은 처음"이라며, 화력발전소 공사 이후 모래가 이동해 항구가 막혔다고 주장한다. 그는 파도가 크게 칠 때마다 항구 입구가 또 막힐까 불안해 새벽마다 항구를 찾는다.

얕은 수심으로 어선이 바닥에 부딪혀 고장 나기 일쑤지만, 어민들은 제철인 가자미와 도다리를 잡기 위해 무리해서 바다로 나간다. 어민들은 배가 망가져도 바닥 모래를 치고 나갈 수밖에

강릉 안인항. 항입구에 쌓인 모래를 준설하고 있는 현장

없다. "바다는 우리 어민들의 삶터인데 항구가 막히면 생계를 유지할 방법이 없다"라며 어민들은 한숨을 내쉬었다. 그들은 매일 항구 입구를 점검하지만, 배가 모래톱에 걸리면 조업은커녕 배까지 망가져 버린다. 차라리 어업을 포기하는 게 낫다며 체념하기도 한다.

하천에서 흘러온 토사가 항구를 막는다

우리나라 서해안과 남해안은 해안선이 복잡하고 수심이 완만해 항구를 조성하기에 유리한 반면, 동해안은 해안선이 단조롭고 수심이 깊어 항만 건설에 불리한 조건을 지니고 있다. 여기에 백두대간과 급경사 산지가 이어지면서 모래와 자갈이 하천을 따라 바다로 빠르게 쏠리는 지형적 특성까지 더해진다.

이 때문에 동해안에서는 초기 항구 조성 시 높은 해안 절벽이나 깊숙이 들어간 만, 하천 하류와 같은 자연 지형을 활용할 수밖에 없었다. 특히 태풍과 높은 파도를 피하면서 선박을 정박할 수 있는 비교적 안전한 장소가 하천과 바다가 만나는 지점이었다. 그 결과 동해안의 많은 항구는 하천 하구를 중심으로 형성되었다.

강원특별자치도 대진항에서 고포항에 이르기까지 하천을 끼고 조성된 항구들은 공통적으로 퇴적이 쉽게 진행되는 특징을 보인다. 이는 하천을 통해 유입된 모래와 자갈이 항만 내부에 쌓이기 때문이다.

강릉 영진항은 연곡천에서 내려온 모래가 항 입구를 막는 대표적인 항구다. 오대산과 소금강 지류에서 내려온 토사가 하천 하구에 쌓이면서 항 입구에 퇴적된다. 하늘에서 내려다보니, 항 입구에 쌓인 모래가 하얗게 드러났다. 매년 3~4회 실시하는 준설 작업이 20년 넘게 계속되고 있지만 근본적인 대책 없이 단순히 모래를 퍼내는 임시방편적인 처방만 반복되고 있다. 영진항은 항입구가 막히기 전에 강릉시에 요청해 모래를 퍼낸다. 매년 몇 차례 반복적으로 준설을 하지만 그 비용이 만만치 않다.

항 주변 방파제나 구조물도 원인

동해안의 주요 항구는 바닷가 바로 옆의 평지에 위치하고 있다. 대륙붕[1]이 없어 곧바로 심해로 들어가기 때문에 거의 직선 형태의 해안이 형성되었다. 이러한 특성 때문에 큰 배가 접안하기에는 유리하지만, 만이 없어 항구로 직접 들어오는 파도를 막기 어렵다. 이런 이유로 큰 파도를 막고 항을 안전하게 보호하기 위해 동해안 항구 주변에는 방파제, 이안제, 돌제 등의 시설물이 설치되어 있다. 하지만 항 주변에 방파제나 구조물을 설치하면 바닷물의 흐름이 변하게 되고, 이로 인해 모래 퇴적이 발생하는 원인이 된다.

강원특별자치도 고성 반암항은 지난 2006년 항만 공사를 통해 어항(漁港)[2]의 모습을 갖추었으나, 설계 문제로 매년 모래가

---

1 대륙 가장자리가 바다로 완만하게 이어지는 수심 약 0~200m의 얕은 해저 지형이다.
2 어선이 출·입항, 정박, 어획물 하역, 어업 활동 지원을 할 수 있도록 조성된 항구를 말한다.

항구 안으로 쌓이고 있다. 동해안 연안표사 흐름과 파랑 방향을 고려하지 않은 방파제·항입구 배치로 인해 매년 모래가 쌓일 수밖에 없는 구조적 설계 결함을 안고 있는 것이다. 어민들은 설치된 구조물들이 항구 입구를 막았다고 주장하며 항구 앞에 설치한 잠제와 돌제가 배의 입출항에는 효과가 없고 오히려 퇴적만 증가하게 만들었다며 문제점을 지적했다.

2024년 10월 돌아본 반암항엔 준설로 생긴 모래가 산더미처럼 쌓여 있었다. 어민들뿐만 아니라 관광객들에게도 위협으로 느껴졌다. 춘천에서 온 한 관광객은 "어촌 뉴딜 사업으로 새로워진 것이 있는지 궁금해서 왔는데, 항포구 옆에는 큰 낚시터만 있고 항구 앞에는 모래와 자갈만 쌓여 있어 보기 흉하다"라고 말했다.

강원특별자치도와 동해안 시·군이 어항 준설 작업에 사용하는 예산은 매년 약 10억 원이며, 준설되는 모래는 4만여 톤에 달한다. 하지만 모래가 쌓일 때마다 단순히 퍼내는 방식의 임시방편적인 처방이 반복되고 있다. 이러한 문제점을 인식하여, 지난 22대 국정감사에서 국민의힘 이양수 의원(속초-인제-고성-양양)이 항구 퇴적 문제를 제기하고 근본적인 대책을 요구했다. 또한 강원특별자치도는 도내 항포구의 토사 매몰이 심각하므로, 어업인들이 안전하게 어업 활동을 할 수 있도록 어항 관리선을 상시 배치해달라고 정부에 요청했다.

강원특별자치도에는 국가어항과 마을 공동어항을 포함해 총

51개의 어항이 있다. 대규모 어항인 무역항과 국가어항을 제외한 대부분의 항구는 항입구에 퇴적물이 쌓이고 있는 상황이다. 항구는 어선의 주차장으로서 안전해야 한다. 항퇴적은 일시적인 현상이 아닌 재해 상황이다. 어선이 안전하게 정박할 수 있어야 어업인의 생명과 재산을 보호할 수 있다. 항퇴적 원인을 충분히 파악하지 못한 불명확한 응급처방은 어선의 입출항을 방해할 뿐이다.

관광 명소가 될까, 생태의 무덤이 될까

강원특별자치도 동해안에 존재하는 독특한 자연환경인 석호(潟湖)[3]가 최근 지방자치단체들의 관광개발 계획으로 인해 위협받고 있다. 석호는 강원도 동해안에 발달한 특이한 형태의 호수로, 바다와 육지가 만나는 지점에 위치하며 독특한 생태계를 유지하고 있다. 그러나 이러한 천연 자산을 관광자원으로 활용하려는 움직임이 활발해지며 환경파괴와 생태계 훼손에 대한 우려가 커지고 있다. 강원도 동해안만이 간직한 석호를 하늘에서 내려다보았다.

강릉 경포호와 고성 화진포 등 강원도의 석호는 민물과 바닷물이 혼합되는 천연 서식지로 다양한 수생식물과 동물들이 살아가는 생태적 보물창고다. 특히 석호는 철새들의 중요한 서식지이자 이동 경로로, 국내외 희귀 조류들의 쉼터로도 잘 알려져 있다. 하지만 최근 강원도 지자체들은 석호 일대를 관광지로 탈바꿈시키기 위해 관광개발과 시설물 설치를 계획하고 있어 석호 고유의 생태환경에 심각한 위협이 될 수 있다는 지적이 제기되고 있다.

---

3   사주나 사취가 만의 입구를 막아 바다와 분리된 호수로, 지하를 통해 해수가 섞여들어 염분 농도가 높고 플랑크톤이 풍부한 것이 특징이다.

강원특별자치도 강릉시 저동에 위치한 석호 경포호(경호)

　　화진포를 해양 생태공원으로 조성하기 위한 전문가 토론회가 2024년 11월 강원도 고성군에서 열렸다. 이 계획은 화진포의 생태적 가치에 역사·문화 자원을 결합해 '해양정원'으로 조성하겠다는 데 목적이 있다. 화진포는 바다와 석호, 울창한 숲이 어우러진 독특한 경관으로 1971년 강원도 자연유산 1호로 지정된 곳이다. 약 72만 평 규모의 석호에는 해수와 담수가 있어 다양한 해양·담수 생물이 공존하며, 동해안 석호 가운데서도 원형이 잘 보존된 생태 공간으로 평가된다. 김일성·이승만·이기붕의 별장이 남아 있는 역사적 장소이기도 하다.

강원특별자치도 고성군 죽왕면에 위치한 석호 송지호

또한 고성군은 2018년 국·도비 173억 원을 투입해 화진포호를 친환경 생태호수로 복원하고 멸종위기종과 희귀종의 서식지 및 자연체험 공간을 조성했다. 현재 이곳은 황어·숭어·전어·도미 등 다양한 어류가 서식하고, 천연기념물 큰고니와 흑고니를 비롯한 겨울철새들의 주요 휴식처 역할을 한다. 전문가들은 화진포가 바다와 육지를 잇는 생태통로로서 보존 가치가 매우 높다고 평가한다.

강릉원주대학교 생물학과 이규송 교수는 화진포호가 동해안 습지 가운데 겨울철새가 가장 먼저 도래하는 넓은 서식지라며 호수의 원형을 유지하는 것이 중요하다고 강조했다. 이미 생태 복원에 큰 예산이 투입된 만큼 호수의 특성과 상충되는 개발은 신중해야 한다는 지적이다. 또한 석호 주변에 숙박시설·전망대·레저시설 등이 들어설 경우 수질 악화와 생태계 교란 등 부

고성 화진포호. 울창한 송림과 호수가 어우러진 비경으로 김일성, 이승만, 이기붕
별장이 있다.

정적 영향이 발생할 수 있다는 우려도 제기됐다. 물의 흐름이 막
히거나 오염원이 유입되면 석호의 고유한 환경이 훼손될 가능성
이 크다는 것이다.

호수를 둘러싼 시민 간의 대립

강릉 경포호에 인공호수를 설치하려는 강릉시의 계획에 대
해, 강릉시민단체협의체와 반대하는 시민 모임 간의 대립이 심화
되고 있다. 최근 강릉시가 악화된 경포호수의 수질을 개선하기
위해 호수 내에 물 순환 시설과 대형 분수를 포함한 수중 산소공
급 장치를 설치하기로 하면서 논란이 불거졌다.

강릉시민사회단체협의회는 2024년 11월 경포호에 추진 중인
인공분수 설치에 찬성하며 이를 적극 추진할 것을 촉구했다. 협

의회는 성명을 통해 분수 설치는 물 순환과 수질 개선 등 환경 개
선의 일환으로 호수에 적정 산소를 공급해 석호의 기능을 유지
하려는 것이라고 강조했다. 반면, 경포호 인공분수 설치를 반대
하는 시민 모임은 2024년 11월 강릉시청에서 설치 중단을 요구
하는 기자회견을 열었다. 반대 시민 모임은 "경포호의 수질 문제
는 자연호수로서의 특성을 이해해야 한다"라는 전문가 의견을
강조하며, 강릉시에 인공분수 사업을 철회하고 전문가와 시민이
참여하는 공개적인 수질 점검을 요구했다. 또한 충분한 검토와
실효성 검증을 거쳐 중장기적 계획을 수립하고 단계적으로 추진
해야 한다고 주장했다.

경포호와 습지. 1966년 실시된 경포천 및 안현천의 유로 변경과 호안공사로
현재와 같은 모습을 갖추게 되었다.

속초 영랑호의 전철을 밟지 말아야

2021년에 북부권 활성화를 위해 설치된 영랑호 부교가 설치 3년 만에 철거 위기에 놓였다. 400m 길이와 2.5m 폭으로 26억 원이 투입된 이 부교는 연간 60만 명이 방문하는 관광지 역할을 해왔으나, 지역 환경단체가 생태계 파괴와 절차적 문제를 이유로 소송을 제기했고, 법원이 이를 받아들여 강제 조정 명령을 내렸기 때문이다. 속초시는 철거 결정을 수용하고 행정절차를 준비 중이지만, 시의원들과 인근 상인들은 이에 강하게 반발하고 있다. 시의원들과 상인들은 설치에 많은 예산이 투입된 부교를 철거하면 추가 비용이 발생해 예산 낭비가 된다고 주장한다. 특히 속초시가 전임 시장이 추진한 부교라 소송 과정에 적극 대응하지 않았다며 이에 대한 책임을 묻겠다고 밝혔다. 법원의 철거 결정에 기한이 없고, 시의회 동의 없이는 철거가 불가능해 영랑호 부교를 둘러싼 논란이 쉽게 해결되지 않을 전망이다.

개발 속으로 사라진 석호

강릉 풍호는 동해안에서 가장 남쪽에 위치한 대표적인 석호였으며, 둘레는 약 4km, 면적은 약 30만 평에 달했다. 이곳은 경치가 아름다워 신라 시대 화랑들이 시를 읊으며 놀았던 장소로도 전해지며, 호수 중심에는 연꽃이 만발했다고 한다. 그러나 풍호 인근에 화력발전소가 건설되면서 1993년까지 석탄재 매립장이 되었고, 2011년에는 골프장이 들어서면서 석호로서의 가치를 상실했다.

풍호 주변에 사는 한 주민을 만났다. 그는 골프장이 건설되기 전에는 노루와 꿩들이 뛰어다니고 연꽃이 가득한 마을 주민들의 안식처였는데, 골프장이 들어서면서 모든 것이 사라졌다고 말햇다. 이제는 골프 치러 오는 차량들로만 복잡하고, 지역민에게는 아무것도 도움이 되지 않는다고 했다.

속초 청초호는 원래 동해바다와 격리된 석호였으나 사주 관리가 제대로 이루어지지 않아 석호로서의 기능을 상실하고 현재는 어선 정박 항구로서의 역할만 하고 있다. 호수 둘레 5km는 도심 건축물에 둘러싸여 있다. 속초의 한 시민은 청초호도 영랑호처럼 석호로서의 기능을 유지했다면, 설악산과 어우러져 속초시의 경관이 더욱 빛났을 텐데 건물에 갇혀 있어 아쉽다고 말했다.

양양의 연개호와 군개호는 하조대 사구지대와 연결되어 있었으나 사유지로 변해 그 흔적을 찾기 어려워졌다. 고성군의 광포호, 천진호, 봉포호는 건물에 가려져 숨을 쉬지 못하고 있으며, 농경지 개발과 토사의 유입으로 퇴적층이 증가하고 있는 강릉시 주문진 향호와 양양군 현남 포매호는 소하천과 농경지로 둘러싸여 호수 면적이 점차 줄어들고 있다. 강원특별자치도 동해안에는 18개 석호가 있다. 고성에 있는 화진포호와 송지호를 제외한 대부분의 석호들이 개발에 의해 사라졌거나 훼손이 심각한 수준이다.

환경단체와 생태 전문가들은 강원도 석호 개발 시도에 대해 깊은 우려를 표명하고 있다. 한 전문가는 석호가 단순한 관광 자원이 아니라 드문 자연유산이라며, 개발로 석호의 자연 균형이 무너지면 이를 회복하기 어렵다고 경고했다. 다른 전문가들 또한 과도한 관광객 유입이 쓰레기와 오염 문제를 일으킬 수 있어 지속 가능한 관리와 보존이 필요하다는 데 동의한다.

지역 주민들은 석호를 지역의 귀중한 자연유산으로 보호해야 한다고 주장하며, 지자체가 단기적인 관광 수익보다 장기적인 생태적 가치와 보존을 우선시해야 한다고 강조하고 있다. 이들은 석호의 자연미와 생태적 가치를 지키면서 지역 경제를 활성화할 수 있는 대안적 접근이 필요하다고 목소리를 내고 있다.

동해안의 석호는 단순한 지형적 특색을 넘어, 생태적 다양성과 자연의 역사를 고스란히 품은 소중한 유산이다. 무분별한 개발보다는 신중한 보호와 관리가 우선되어야 할 이유도 여기에 있다. 지금 우리가 지켜내지 않는다면, 수천 년에 걸쳐 형성된 이 귀중한 자연 자산은 되돌릴 수 없는 상처를 입게 될 것이다. 개발의 논리보다 보존의 가치를 되새겨야 할 때다.

바다 옆에 선 거대한 침묵, 가동률 10%의 화력발전소

매년 계속되는 폭염 속, 전국적으로 여름의 전력 사용량이 치솟고 있다. 그러나 강원 동해안에 들어선 대규모 화력발전소들은 제 역할을 하지 못한 채 사실상 '개점휴업' 상태에 놓여 있다.

강릉시 안인리에 거주하는 손영희 씨는 수년간 발전소 공사 소음과 분진을 참아가며 살아왔다. 그는 "공사한다고 먼지 뒤집어쓰고 살았는데, 완공해 놓고도 발전소가 전기를 생산하지 않는다니 이게 말이 되냐"라며 분통을 터뜨렸다. 그의 집에서 불과 1km 떨어진 곳에 웅장한 석탄화력발전소가 들어섰지만, 굴뚝에서는 연기조차 보이지 않는다. 삼척 맹방에 거주하는 또 다른 주민은 "한두 푼도 아니고 수조 원짜리 시설인데 이렇게 세워두기만 하다니, 정부는 도대체 무슨 생각이냐"라며 한숨을 내쉬었다. 지역 주민들 사이에서는 화력발전소가 아니라 유령발전소라는 자조 섞인 말도 들려온다.

가동률 10~20%, 사실상 '놀고 있는' 설비

강릉 안인화력발전소, 삼척 맹방블루파워 등은 모두 민간자본 수조 원이 투입된 대규모 민자 화력발전소다. 하지만 이들 발전소가 정상적으로 가동되지 못하는 가장 큰 이유는 수도권으로 전력을 보낼 핵심 송전망이 아직 완공되지 않았기 때문이다. 이로 인해 강릉 안인화력은 현재 가동률이 20% 수준에 머물러 있으며, 삼척화력 1·2호기도 가동률이 10%에 불과하다. 전력을 생산해도 보낼 수 없어 사실상 '놀고 있는' 설비가 된 셈이다. 한 발전소 관계자는 "수천억 원의 적자가 누적되고 있으며, 이 상태가 지속되면 부도도 피할 수 없다"라고 말했다. 정치적 이해관계와 지역사회의 반발, 기술적 어려움은 모두 현실에서 마주하는 큰 장애물이다. 그러나 전기는 실제로 불을 밝힐 때 비로소 그 가치가 완성된다. 지금처럼 수조 원이 투입된 발전소들이 제대로 가동되지 못한 채 멈춰 서 있는 상황을 더 이상 방치할 수만은 없다.

동해안에서 수도권으로 향하는 송전선로

한국전력공사(한전)가 추진 중인 4조 6천억 규모의 '500kV HVDC(초고압직류송전)[4] 동해안-동서울 건설사업'의 경우, 마지막 종착지인 경기도 하남시에서 제동이 걸렸다. 하남시가 변환소 증설에 필요한 경관심의를 통과시키지 않으면서 인허가 절차가 사실상 정체된 상태다.

이 사업은 동해안 지역의 신한울·강릉·삼척 등 신규 발전소에서 생산된 총 17GW의 전력을 수도권으로 안정적으로 공급하기 위한 초고압 직류 송전망 구축 사업이다. 울진, 삼척, 동해, 강릉에서 시작해 가평을 거쳐 하남에 이르는 국내 최장 280km의 HVDC 송전선로가 핵심이며, 전국 12개 지자체를 관통한다. 그중에서도 하남은 이 사업의 종착지이자 동서울 변환소가 들어설 핵심 요충지다. 그러나 사업 인허가 과정에서 하남시가 잇따라 제동을 걸면서, 수도권 전력 공급의 마지막 고리가 끊어질 위기에 처했다.

한전은 2024년 8월 하남시에 변환소 증설을 위한 건축 인허가 신청 4건을 제출했으나, 하남시는 이를 불허했다. 그러나 이 결정은 2024년 12월 행정심판위원회에서 뒤집히며 한전의 손을 들어주는 결과로 마무리됐다. 행정적으로는 문제없다는 결론이 내려졌지만, 재협의 과정에서 하남시는 또다시 '경관심의 미통과'를 사유로 인허가를 지연시키고 있다.

하남시는 주민 의견 수렴 부족, 사업 용지와 교육시설의 인접

---

4   발전소에서 생산된 교류 전력을 고압 직류로 변환해 송전한 뒤, 다시 교류로 바꾸어 수요자
    에게 공급하는 방식이다.

등을 반대 이유로 내세우고 있다. 또한, 환경단체와 인근 주민들은 환경 피해에 대해서도 우려하고 있는 것으로 알려졌다. 실제 경기환경운동연합은 경기도행정심판위원회(경기행심위)가 한전의 행정심판 청구를 인용하자, "이번 결정은 행정심판의 본래 취지인 국민의 권익 보호라는 목적에 부합하지 않고, 기후위기에 대한 대응 의무를 간과하고 경제적 논리와 사업 편의성을 앞세워 국민의 기본권을 후퇴시킨 결정"이라는 성명을 발표했다. 또 "하남시는 주민들의 환경권 보호와 기후위기 대응이라는 가치를 실현하기 위해 행정소송과 헌법소송 등 추가적인 법적 대응에 적극 나서야 한다"라고 덧붙이기도 했다.

한전 측은 주민 의견 수렴이 미진했다는 주장에 대해 "전체 280km 구간에 걸친 79개 마을과 100% 협의 완료를 마쳤고, 하남시만 유일하게 협의가 이뤄지지 않았다"라고 말했다. 또, 이 지연으로 인해 용인 반도체 클러스터, 수도권 데이터센터, 하남 교산신도시까지 영향을 받을 수 있다며 변환소 인허가가 계속 지연되면 수도권 전체 전력망 안정성이 위협받는 상황이라고 주장했다. 정부는 '국가기간 전력망 확충 특별법'을 제정·공포, 주요 송전망 사업의 인허가 절차를 간소화하고 지자체와의 협의 병목을 해소하기 위한 제도적 장치를 마련했다. 그러나 하남시의 사례는 특별법의 실효성에 근본적 의문을 던지고 있다.

HVDC 사업을 둘러싼 갈등은 지방자치와 국가 기반 인프라 구축 사이의 구조적 충돌을 드러낸다. 주민들이 환경, 건강, 경관 문제를 이유로 대형 설비에 반대하는 것은 당연한 권리지만, 전국민이 이용하는 공공 전력망이 지방의 거부권에 가로막히는 현실은 또 다른 딜레마를 낳고 있다. 송전망 지연뿐만 아니라, 정권이 바뀌며 에너지 정책 기조가 변한 것도 원인이라는 일각의 지적도 있다. 윤석열 정부는 출범과 동시에 '탈원전 폐기'를 선언하고 원전 중심 정책을 강하게 밀어붙였다. 그 결과, 이미 완공된 화력발전소들이 정책의 우선순위에서 밀려나고 말았다.

이러한 상황은 한국 에너지 정책이 얼마나 정치적 단기 논리에 휘둘리는지를 보여준다. 정권이 바뀔 때마다 정책 방향이 달라지고, 그 여파는 지역 주민과 국민이 감당하게 된다. 발전 인프라는 수십 년을 내다보며 설계돼야 하지만, 지금의 현실은 그렇지 못하다. 수조 원을 들여 세운 초대형 화력발전소가 정작 전력이 가장 절실한 폭염 속에 아무런 역할도 하지 못하고 있다면 우리는 그 존재 이유를 다시 물어야 한다.

가동 가능한 발전소, 멈춰 있는 게 맞나

강원도 강릉 안인과 삼척 맹방에 건설된 석탄화력발전소는 지역 주민들의 반대와 환경 훼손 논란을 딛고 어렵게 추진됐다. 공사 기간 수년간의 소음과 교통 혼잡, 해안침식 피해 등을 감내한 주민들에겐 "국가 에너지 안보를 위한 불가피한 선택"이라는 설명이 전부였다. 하지만 지금, 그 거대한 설비는 멈춰 선 채로 '유령 발전소'라는 오명만을 안고 있다. 분명 에너지 전환은 시대적 과제다. 기후위기 대응을 위한 탈석탄, 탄소중립 흐름은 거스

삼척 맹방화력발전소. 건설 과정에서 대규모 방파제와 매립 공사가 진행되면서,
해안선이 급격히 후퇴하고 백사장이 사라졌다.

를 수 없는 방향이다. 하지만 그 전환 과정조차 국민의 삶을 외면한 채 추진된다면, 그것은 정의로운 전환이라 부를 수 없다. 사용 가능한 발전소가 있음에도 가동되지 않는다면 그것은 단지 행정의 미비나 절차 지연이 아니라 정책의 실패이며, 더 나아가 국민 신뢰의 상실을 의미하는 것 아닐까.

'전기 고속도로'가 멈춰선 나라

무더위가 매년 그 시기를 앞당겨 기승을 부리고 있다. 이틀 연속 7월 전력 수요의 최고치를 갈아치우며 한 주에만 전력 수요 '톱10' 중 두 자리를 새로 채웠다. 전체 사용량은 90GW(기가와트)를 넘기며 역대급 수치를 기록하기도 했다. 하지만 문제는 단순한 전력 생산량의 부족이 아니다. 전력을 '만들어 놓고도' 보

삼척블루파워. 삼척화력 1, 2호기가 본격적인 상업운전에 나서고 있지만 송전선로 부족으로 가동률이 10%에 머물고 있다.

낼 길이 없다는 것도 우리가 직면한 과제다. 국가 전력계획은 발전소를 짓는 것으로 끝나선 안 된다. 지금 필요한 것은 '에너지의 길'을 여는 일, 송전 인프라를 국가 전략으로 끌어올리는 것이다. 그렇지 않으면 만들어 놓고도 쓰지 못하는 전기만 늘어날 것이다. 그리고 이는 정전과 전력 불안이라는 형태로 고스란히 국민에게 돌아오지 않을까. 물론 송전망을 둘러싼 지역 주민과의 갈등, 생태계 훼손 우려, 경관 문제 등도 결코 가볍게 넘길 수 없는 사안이다. 투명한 정보 공개와 주민 참여를 바탕으로 한 사회적 논의를 하루빨리 실시하여 국민적 공감대를 형성해 나가야 한다. 더이상은 미룰 시간이 없다.

와이키키는커녕 흉물만 남긴
맹방화력발전소

       강원 삼척 맹방해변이 변해가고 있다. 한때 '동해안의 와이키키'로 만들겠다던 약속은 사라지고, 지금은 연안오염과 시설물 난립 속에 해변 본연의 기능을 잃어가고 있다. 2025년 8월 찾은 현장에서는 맹방화력발전소 건설 이후 해류의 흐름이 바뀌면서 연안침식이 심각하게 진행되고 있었다. 이를 막기 위해 방파제, 잠제, 호안블럭 등 각종 구조물이 해변을 따라 설치됐다. 그러나 이 시설물들이 해수 흐름을 왜곡하면서 일부 구간

주민과 관광객을 위해 조성된 친수공간이지만 현재는 굳게 닫혀 있어 불만이 제기되고 있다.(2025년 8월)

은 오염물질로 가득했고 이끼류가 가득 메워져 있었다. 지역 주민은 "옛날엔 여름마다 깨끗한 모래사장이 넓게 펼쳐졌는데, 이제는 시멘트, 돌 구조물만 가득하다"며 바다가 육지의 건축물 전시장이 되어버린 현상을 비판했다.

친수공간[5] 조성을 명분으로 해안가 곳곳에 설치된 산책로, 조형물, 전망대 시설물들은 지역주민에게 큰 기대를 불러일으켰다. 일부 지대에는 월류형 이안제(물이 넘나들 수 있는 높이의 수중 방파제)를 설치하여, 하와이의 와이키키 해변처럼 만든다는 계획 역시 주민들의 기대를 모았다. 그러나 실제로는 시설물로 인해 해수의 흐름이 막히고 접근이 제한되면서, 주민과 관광객 모두가 불편을 겪고 있다.

인근 덕산에서 고기잡이를 하는 한 어민은 "맹방해변은 모래 속에 서식하는 조개가 많은 해변인데도 보상은 제대로 해주지 않고, 시설물 때문에 배조차 출입할 수 없다"라며 "생계가 막막하다"라고 울분을 토했다. 또 다른 주민은 "발전소 건설 전에 친수공간을 개방하기로 약속했지만 발전소 가동은 오래전부터 하고 있는데 개방 약속은 지켜지지 않고 있다"라며 "대기업이니 약속을 지킬 것이라 기대하며 기다리고 있다"라고 말했다.

해변을 찾은 관광객 김은지 씨는 "시설물이 잘 설치되어 있긴 하지만 길이 막혀 있어서 들어가 보지도 못한다"라며 "차라리 자연 그대로 두는 게 더 나았을 것 같다"라고 아쉬워했다. 그는 "명

---

5 강이나 시내와 잘 어우러지는 여러 시설을 마련한 공간으로, 시민이 자유롭게 접근해 물에 가까이 갈 수 있는 공공 공간을 뜻한다.

맹방해변 구조물. 해변에는 발전을 위한 시설물과 친수공간 조성 목적의 구조물이
겹겹이 설치되어 있다.

사십리 해변은 원래 자연 그대로의 모습이 매력이었는데 지금은
각종 시설물로 가득 차 본래의 기능을 잃었다"라며 "다음에는 오
고 싶지 않다"라고 전했다. 실제로 여름 휴가철에도 맹방해변은
과거만큼의 활기를 잃었다. 일부 남쪽 해변만 피서객이 있을 뿐,
북쪽 해변과 친수공간 일대는 녹색 해조류와 각종 구조물이 뒤
엉켜 있어 전형적인 해수욕장의 모습과는 거리가 멀었다.

　이 밖에 삼척시와 블루파워가 관리하는 해양시설 주변 길거
리에는 '해양시설 내 출입금지', '외부인 출입금지' 플래카드가
붙어 있어 주민과 관광객의 눈살을 찌푸리게 하고 있다. 지역 주
민은 "누구를 위한 출입금지인지 알 수 없고, '들어가지 말라'는
경고만 있을 뿐 안전을 위한 의미는 찾아보기 어렵다"라고 불만
을 제기했다.

연안오염과 해변 훼손이 심각하게 진행되고 있지만, 정작 관리 책임을 져야 할 삼척시청과 삼척화력발전소 운영사는 서로에게 책임을 미루고 있다. 삼척시청 에너지과는 기자와의 통화에서 "아직 관리 책임이 정확히 정해져 있지 않아서 관리하는 데 한계가 있다"라며 "현장을 방문해 발전소 측과 협의하겠다"라고 말했다. 삼척블루파워 김훈제 환경관리 팀장은 친수공간 출입금지 조치에 대해 "이곳은 침식저감시설로 준공승인이 나지 않아 안전사고 우려로 개방하지 않았다"라고 말했다. 또 진광선 맹방 이장은 "화력발전소 건설 이후, 삼척시와 사업자가 약속했던 것처럼 주민들이 편히 거닐고 관광객들이 쉬어 갈 수 있는 공간으로 해변이 관리되길 바란다"라며 "주민들의 기대를 저버리지 않는 해변으로 만들어주길 희망한다"라고 말했다.

와이키키 단순 모방, 맹방해변 환경 참사 불렀다

삼척 맹방해변 친수공간 조성 과정에서 발생한 부작용은 이미 예견된 일이었다. 국립한국해양대학교 해양공학과 도기덕 교수는 맹방해변 환경 훼손 원인에 대해 "맹방해변은 미국 하와이 와이키키 해변을 단순히 모방해 구조물을 설치했지만, 동해안 연안 특성을 고려하지 않았다"라고 지적했다.

그는 "해외 선진국은 연안 구조물 설치 전에 반드시 철저한 모니터링과 자료 수집, 수치 모의, 환경영향평가를 통해 영향을 분석하지만 맹방해변은 이러한 과정 없이 해외 사례를 적용한 탓에 심각한 환경 문제가 발생했다"라고 설명했다. 이어 대안으로 문제 구조물의 즉각적인 철거를 통한 해수 순환 회복, 연안의 수리·퇴적학적 특성에 대한 장기 모니터링 체계 구축, 과학적 자료에 기반한 예측 모델 수립 등을 제시했다. 강릉원주대 해양생태환경학과 김형근 명예교수는 "해변 가까이에 시설물이 설치되면 해수 유통이 막혀 유해 해조류가 번식할 수밖에 없다"라며 "이는 해조류 문제를 넘어 해안 경관에도 악영향을 미친다"라고 우려했다.

한때 '동해안의 명사십리'로 불리던 맹방해변은 이제 시멘트 구조물과 오염된 연안만이 남았다. 화력발전소 건설 이후 왜곡된 해류와 이를 막기 위한 인공구조물들은 오히려 해변의 자연성을 갉아먹고 있다. 사라진 백사장과 줄어든 관광객, 흉물처럼 들어선 구조물 속에서 주민들의 한숨만 깊어지고 있다. 개발이라는 이름 아래 바다의 본모습은 사라지고 있다. 지금 필요한 것은 '더 많은 시설'이 아니라, 잃어버린 바다를 되찾기 위한 근본적인 성찰과 회복의 노력이다.

피서객의 발길은 이어지는데 개방하지 못하는 해변

한여름 동해안이 피서객으로 붐비는 가운데, 강원도 삼척의 원평해변은 여전히 '비개장 해변'으로 남아 있다. 해양수산부가 선정한 '한적한 해수욕장 50선'에 포함된 명소인데도 성수기에 정식 개장을 못해 여러 문제점이 드러나고 있다.

약 4.3km 길이의 백사장을 자랑하는 삼척 원평해변은 '명사십리'라 불리며 사랑받아 온 곳이다. 해양레일바이크, 소나무 숲, 잘 정비된 산책로는 가족 단위 관광객들에게 인기다. 새벽에는 장관을 이루는 일출을 보기 위해 방문객들의 발길도 끊이지 않는다. 그러나 해변 한쪽에 내걸린 플래카드는 이곳의 불편한 현실을 드러낸다.

이곳은 정식 개방하지 않은 해변으로, 안전요원이 없습니다.

자연의 아름다움 이면에 안전의 공백이 여전히 자리하고 있다.

삼척 원평해변. 해변 입구에는 '미개장 해변, 안전요원 없음'이라는 플래카드가 걸려 있다.

2024년 삼척시 원평해변의 야영객들은 해변 이용에 불편을 겪었다며 시에 민원을 제기했다. 이에 더해 해변 인근 사유지를 소유한 일부 주민들은 국유지 송림 사용과 관련해 한국자산관리공사(캠코)에 문제를 제기했다. 캠코는 국유지 위탁관리 기관으로 해당 민원에 따라 솔밭 내 캠핑카 주차 및 텐트 설치를 금지하고 이용요금 징수도 허용하지 않았다. 이는 원평해변의 개장이 무산되는 등 복합적인 갈등으로 이어졌다.

원평해변이 정식 개장에 실패한 이유는 두 가지 갈등 때문이다. 첫째, 마을이 여름철 외부 사업자에게 공간을 임대하는 관행에 민원이 제기되면서 국유지인 해송림 내 텐트 설치와 야영이 전면 금지됐다. 둘째, 해송림 내에서 요금을 받을 수 없게 되자 텐트와 보트를 운영하던 임대업자가 수익 악화를 이유로 운영을 중단했다. 이에 마을은 개장을 준비했으나 결국 포기할 수밖에 없었다.

　김양수 원평이장은 현재 소나무숲 출입이 전면 금지된 원평해변의 상황에 깊이 아쉬워했다. 소나무숲과 해변이 어우러진 원평해변은 오랜 기간 피서객에게 그늘과 휴식을 제공해온 공간이기 때문에 일부 민원으로 출입이 전면 통제된 현실을 안타까워하고 있었다. 또한 포항~삼척 간 동해선 철도 개통으로 많은 관광객이 찾아올 것으로 기대했지만, 주민과 마을 간 갈등으로 손님맞이조차 하지 못한 것에 가장 아쉬워했다.

　원평해변이 정식 개장을 하지 못한 채 방치된 상황과 관련해 삼척시 근덕면 관계자는 "마을 관리어장으로 지정받기 위해 필요한 조건 중 하나인 안전사고 대비 체계를 마을에서 갖추지 못했다"라며 "보트와 안전요원 배치 등 필수 요건을 원평마을이 충족하지 못해 행정적인 제약이 있었다"라고 밝혔다. 마을해수욕장 지정을 받기 위해서는 안전요원이나 안전사고를 대비한 보트를 준비해야 한다. 특히 해송숲과 관련해서는 "이 일대는 국유지로, 삼척시가 야영 행위를 통제하거나 허용할 수 있는 권한이 없다"라며 "현실적으로 행정이 개입할 수 있는 여지가 제한적"이라고 설명했다.

　정식 개장이 무산된 원평해변은 정비와 관리 인력이 부족한 채 무질서하게 방치되고 있다. 해변 도로와 소나무숲 사이 공간마다 차량이 무단 주차돼 있고, 장기간 자리를 차지하는 이른바 '얌체족'까지 늘어나면서 해변은 점점 혼잡하고 지저분한 모습으

소나무숲 사이로 캠핑카와 소나무에는 빨래가 걸려 나부끼고 있다.

로 변하고 있다. 캠코의 캠핑 금지 플래카드가 걸려 있지만 유명무실이다.

불만은 마을 주민뿐만 아니라 피서객들 사이에서도 커지고 있다. 마을 측이 운영 비용 문제를 이유로 해변 내 전기와 수도 공급을 중단하면서, 화장실 사용이 제한되고 샤워 시설과 조명 등 기본적인 편의시설조차 이용할 수 없는 상황이다. 특히 야간에는 전기 부족으로 안전사고 우려가 높고, 쓰레기와 오염물 방치로 해변 위생 상태도 크게 악화되고 있다. 한 관광객은 "조용한 피서지로 알려져 기대하고 왔지만 악취와 오염물로 매우 불쾌했다"라며 "입장료를 제대로 받고 기본 시설을 갖춰야 하는데, 마치 피난처에 온 느낌이었다"라고 불만을 토로했다. 불법 야영 금지 펼침막이 설치됐는데도 해송숲에는 무단으로 설치된 텐트가 계속 늘고 있으며, 그로 인해 소나무들은 점점 더 큰 피해를 입고 있다. 소나무를 보호하기 위한 조치가 오히려 소나무를 죽이는 결과를 초래하고 있는 것이다.

정비되지 않은 모래해변은 급경사 지형으로 이루어져 있어, 아이들은 물론 일반 물놀이객들까지 사고 위험에 노출돼 있다. '수영금지'라는 팻말과 안전띠가 해변의 어두운 그림자를 그려 내고 있다. 하지만 해변에는 안전요원은 물론, 기본적인 구조장비조차 갖춰져 있지 않아, 사고 발생 시 제대로 된 대응이 불가하다.

부산에서 가족과 함께 방문한 한 관광객은 "이런 멋진 해변이 행정과 마을 갈등 때문에 방치되고 있다는 게 안타깝다"라며 "아이들과 물놀이하기에 불안한 환경"이라고 말했다. 서울에서 온 김은지 씨는 "지도 앱과 인터넷 정보를 보고 왔는데, 안전시설이 하나도 없어 당황스러웠다"라며 "사고가 나기 전까지는 누구도

해변 입구에는 '수영금지' 팻말이 세워져 있지만, 이를 무시한 채 물놀이를 즐기는 사람들도 적지 않다.

움직이지 않을 것 같아 무섭다"라고 말했다.

비공식 해변의 안전 사각지대

관리 사각지대에 놓인 '비공식 해변'일수록 사고 예방을 위한 대비가 더 철저해야 한다. 한 구조 전문가는 "여름철 성수기에는 소방서, 의용소방대, 민간 구조대와 협력해 주말 순환근무 형태로 안전 인력을 배치하는 방안을 검토해야 한다"라며 "적은 예산으로도 효과적인 사고 예방이 가능하다"라고 강조했다. 윤중경 전 한국국민안전산업협회 회장은 "국유지든 사유지든 시민들이 이용하는 해변이라면 일정 부분 공공의 책임이 따른다"라며 "비공식 해변이라도 '중점 해변'이나 '관심 해변'으로 분류해 최소한의 관리 체계를 갖추는 것이 필요하다"라고 밝혔다. 이어 그는 "지자체가 '우리는 개장하지 않았으니 책임이 없다'는 방침만 고수할 것이 아니라, 공공이 책임져야 할 범위와 개인의 판단이 필요한 영역을 명확히 구분해 안내해야 한다"라며 "지금처럼 아무런 조치 없이 방치하는 것이 가장 위험한 선택"이라고 말한다.

이러한 문제는 원평해변만의 일이 아니다. 과거 강원 동해안을 비롯한 전국의 미개장 해변에서 수많은 물놀이 사고가 반복돼 왔다. 이형석 강원대학교 교수는 "그간 동해안에서 발생한 물놀이 사고는 대부분 미개장 해변이라는 안전 사각지대에서 발생했다"라며 "모래사장 평탄화 작업이 이뤄지지 않은 해변은 급경사 구간이 많아 인명 사고 위험이 크다"라고 지적했다.

　문제는 이 같은 상황이 지역 내부 갈등 외에도 해변 전체의 소유권과 관리 주체가 불분명한 구조적 문제에서 비롯된다는 점이다. 더 큰 문제는 이러한 행정 공백이 피서객의 안전에 영향을 미친다는 점이다. 최근 몇 년간 전국적으로 반복된 '미개장 해변' 사고의 이면에는 구조적 관리 부재가 자리하고 있다. 정식 개장이 이뤄지지 않았다고 해도, 사람들의 발길은 계속되기 때문이다.

사라진 고향으로 돌아온 강릉 해변의 실향민들

과거 바다를 끼고 살아온 사람들이 고향으로 돌아왔다. 이들은 모두 다른 이유로 그곳에 머물렀지만, 바다와의 인연은 하나였다. 숙박업을 운영하던 민박집 주인은 한때 바다를 찾는 여행객들에게 편안한 쉼터를 제공했고, 횟집 상인은 바다의 풍요로움을 손님들에게 전하며 생계를 이어갔다. 그리고 단순히 바다가 좋아 그 자리에서 살아온 사람들도 있었다. 이들에게 바다는 삶의 일부이자, 가족과 같은 존재였다.

하지만 상습 침식 구역으로 마을을 철거하고 자연친화적인 공간 조성을 하기 위한 정부의 사업 때문에 이들은 삶터를 뒤로하고 떠나야만 했다. 땅속에 묻혀버린 고향은 더 이상 현실 속에 존재하지 않게 되었고, 그들에게는 실향민이라는 새로운 정체성이 주어졌다. 그럼에도 불구하고 떠나야 했던 이들은 오랜 시간이 흐른 뒤 다시 고향으로 돌아왔다. 과거의 모습은 사라졌지만, 이곳에서의 추억과 감정은 여전히 가슴 깊이 남아 있었다. 그들은 다시금 모여 서로의 이야기를 나누고, 사라진 고향의 기억을 함께 되새겼다. "여기는 단순히 우리가 살던 곳이 아니었어요. 우리 삶의 중심이자 역사가 깃든 고향이었죠." 정현옥 실향민은 감회를 전하며 눈시울을 붉혔다.

고향의 그리움 담아, 지역 역사와 미래를 잇는 노력

삶터가 물리적으로 사라졌을지라도, 고향에 대한 그들의 애정과 기억은 여전히 빛나고 있다. 이날의 만남은 단순한 방문을 넘어 과거와 현재를 잇는 특별한 순간으로 기록되었다. 평생을 살아온 삶터였던 그곳은 이제 더 이상 그들의 터전이 아니지만, 기억 속의 고향은 여전히 그들에게 특별한 의미로 남아 있다.

사근진 순긋마을. 45가구가 터를 잡고 살던 어촌마을이다.

잃어버린 삶터에 향수를 불러일으킨 것은 이 마을에서 뿌리를 두고 살아온 전찬길 씨다. 그는 바다 근처의 고향집이 철거되고 공원이 조성된 후 고향을 가슴에 묻은 실향민들에게 희망의 메시지를 전하기 위해 노력했다. 삶터를 한순간에 잃은 마을 주민들에게 고향에 대한 그리움을 지켜주기 위한 것이었다. 그는 지역의 역사를 이곳에 녹여 지역사회와 깊이 연결하기 위해 협의체를 만들고 전문가들의 도움을 청했다. 이들과 함께한 사람들은 강원대학교 해안침식 전문가와 리빙랩연구진이다.

2025년 1월, 겨울바람이 스치는 해변은 고향을 찾은 이들에게 더욱 쓸쓸하게 느껴졌다. 사근진 순긋해변은 45개 가구가 터를 잡고 살아온 소규모 마을로, 경포해수욕장 북쪽에 위치한 아담한 간이해수욕장을 끼고 있다. 경포해변이 젊은이들이 찾는 장소라면, 이 해변은 조용하고 수심이 얕아 가족 단위 피서객들이 선호하는 곳이다.

그러나 이곳은 너울성 파도[6]와 이상파랑 내습으로 해안침식이 심각해지면서 위험등급인 D등급 판정을 받아왔다. 인공구조물인 잠제를 설치했으나 큰 효과를 보지 못했고 해안가의 주택과 해안도로는 해안침식에 그대로 노출되었다. 해양수산부와 강릉시가 임시방편으로 복구작업을 매년 해왔음에도 그 위험에서 자유로울 수는 없었다.

---

6 먼바다에서 발생한 큰 파도가 해안가로 밀려와 갑자기 높아지며, 맑은 날이나 바람이 없을 때도 기습적으로 발생해 인명피해를 일으키는 매우 위험한 파도다. 국부적인 저기압이나 태풍중심 등 기상현상에 의해 해면이 상승하여 만들어진 큰 물결을 말한다.

이에 2020년 제3차 연안정비기본계획에 이 지역을 포함시켜 위험을 막을 인공시설물 등을 조성할 계획이었으나 주변 지역 2차 피해 발생이 우려되어 육지에 침식 완충구역을 확보하는 방향으로 선회했다. 해안침식을 줄이기 위해 바다에 인공구조물을 설치하던 그레이 인프라[7] 조성 방식에서 육지에 완충구역을 만드는 그린 인프라[8] 조성으로 방향을 바꾼 것이다. 이는 수온상승과 해수면 상승 등 기후변화에 따라 필연적으로 발생하는 해안침식에 근본적으로 대비하기 위한 것으로, 공간을 많이 확보해 해안선 자체를 내륙 쪽으로 후퇴시키는 개념이다.

매년 반복되는 침식 지역을 임시방편으로 복구한 해변.

7　인간이 생활을 영위하는 일정 공간에 형성된 콘크리트 구조물의 기반시설
8　생태계 기능 회복을 목표로 복합적 기능을 가진 높은 가치의 자연적인 공간 혹은 자연에 가까운 공간들의 네트워크로 수역, 산림, 공원 등의 녹색사회 기반시설

해안침식 방지를 위한 주민과 전문가들의 협력, 친환경 공법의 필요성

해안침식 전문가와 강원대학교 리빙랩 연구진들은 마을 주민들과 함께 연안침식을 막고 안심해변을 만들기 위한 노력을 공동으로 기울이기로 했다. 이를 위하여 주민설명회를 개최하고 지역주민들과 잃어버린 고향에 대한 향수를 불러일으키는 기회를 마련하였다. 사근진 순굿해변이 안심해변사업에 걸맞게 구조물이 없는 공간으로 거듭나기 위해서는 친환경 공법인 염생식물(사구식물) 조성이 필요하다는 의견이 제시되었다.

김인호 강원대 교수는 미국 플로리다 해안을 예로 들며, 해안침식을 방지하기 위해 해안도로와 건물을 후퇴시키고 모래해변을 복원해 공원을 조성한 사례를 언급했다. 그는 사근진 순굿해변도 해변에 설치된 돌제와 구조물을 철거하면 해안 복원이 가능하며, 이를 통해 관광명소로 변모할 수 있다고 강조했다.

삶의 터전인 고향이 공원으로 변했지만, 주민들은 이곳이 탐방객들에게 좋은 인상을 주는 장소로 계속 남기를 바라고 있다. 사근진 어촌계장 박삼랑 씨는 공원 조성으로 집은 사라졌지만, 이곳이 본래 목적에 맞게 잘 조성되어 탐방객들에게 좋은 인상을 주는 장소가 되길 바란다고 전했다. 또다른 주민은 과거 자신의 집터를 바라보며, 고향에 대한 애틋한 마음을 드러내면서도 이곳이 아름다운 해변으로 거듭나길 바란다며 발길을 돌렸다. 송동섭 강원대학교 연안항만방재리빙랩 책임교수는 리빙랩은 주민들과 협력해 지역 사회의 문제를 해결하는 혁신적인 사업이라며, "사근진 순긋, 안심해변이 연안침식을 방지하고 지속적인 관리로 고향을 떠난 주민들에게 향수를 불러일으키는 공간이 되도록 최선을 다하겠다"라고 말했다.

바다는 여전히 그들의 삶과 기억 속에 살아 있고, 파도에 실린 추억은 세대를 넘어 이어진다. 고향은 물리적 형태는 달라졌지만, 그곳에 깃든 삶과 역사는 여전히 주민들의 마음속에서 빛나고 있었다.

해안의 허술한 방패가 된 해송

강원도 동해안 해안가에 연안 재해 방지용으로 심어진 해송이 해안침식과 산불 위험을 높이는 원인으로 지적되고 있다. 고성, 양양, 동해, 삼척 등 동해안 주요 지역에서는 해안 방재를 목적으로 해송이 곳곳에 식재되고 있다.

해송은 바닷바람과 염분에 강한 바닷가 소나무로, 짧고 억센 잎과 흑갈색 껍질이 특징이다. 동해안 해안가 논과 밭 앞에는 바닷바람을 막아주는 해송이 심어진 모습을 흔히 볼 수 있다. 강원도 동해안의 해송 실태를 알아보기 위해 2024년 10월 말부터 11월 중순까지 현장을 돌아봤다.

산에도 바닷가에도 '소나무'

한때 수려한 해변으로 유명했던 삼척시 맹방해변은 점점 과거의 아름다움을 잃어가고 있다. 불과 얼마 전까지만 해도 이곳은 해송과 염생식물들이 군락을 이루며 천혜의 자연을 간직한 해변이었다. 그러나 최근 화력발전소 건설 이후 심각한 연안침식 문제에 직면했다.

2024년 11월 찾아간 해안가에는 어린 해송이 심어져 있었고, 그 가운데엔 비스듬히 서 있는 수영 금지 팻말이 무기력하게 자리하고 있었다. 이곳은 강원특별자치도가 2023년 맹방해변의 연안침식을 막기 위해 약 1,300그루의 해송을 심은 곳이다. 하지만 해안선에서 약 20m 떨어진 곳에 심어진 어린 해송들은 큰 파도가 칠 때마다 바닷물에 잠길 위험에 놓였다. 방문객 김광문 씨의 말이다.

길 건너에 해송보호 군락지가 있는데, 왜 굳이 모래 해변에 소나무를 심었는지 이해할 수 없습니다. 심었으면 관리를 잘해야지. 모래 위에 버려둔 것 같아요. 공사로 인한 해안침식도 문제지만 보여주기식으로 식재된 해송이 더 큰 문제입니다.

해송이 식재된 곳에 소나무 보호와는 아무런 관계없는 수영금지 팻말만이 서 있는 동해 맹방해변

사구식물 자생지를 파헤치고 소나무를 이식한 고성군 송지호해변 현장(2024년 10월)

고성 송지호해변은 강원도가 연안 방재를 위해 해송을 심은 곳이다. 원래 이곳은 사구식물이 잘 자라 연안침식과는 무관한 해변이었다. 2024년 10월 드론을 통해 하늘서 내려다본 해안가 뒤편에는 건강하게 자라는 소나무와 해변 모래밭에 뿌리내린 사구식물들이 보였다. 모래를 잡아주는 갯그령, 통보리사초,[9] 좀보리사초[10] 등 염생식물이 제거된 자리에 해송이 심어지면서 자연의 균형이 위협받고 있다. 해송 식재 지역은 바다에서 불어오는 바람과 모래의 흐름을 자연스럽게 유지해야 하지만 되레 인위적으로 차단막이 설치되면서 모래 이동이 방해받고 있다. 자연적인 모래 흐름은 해안 생태계의 중요한 요소로, 이를 방해하는 인

---

9 해안사구의 대표적인 사초과 여러해살이풀로, 모래땅에서 뿌리를 깊게 내리고 곧게 뻗은 잎과 뚜렷한 암수 꽃이 특징이다.

10 해안사구의 사초과 여러해살이풀로 전국 각지에서 자란다.

위적 개입은 장기적으로 더 큰 문제를 초래할 수 있다.

2024년 10월 찾은 양양군 현남면 포매호 앞 해변에서도 해송을 식재한 현장을 볼 수 있었다. 이곳도 사구식물이 자생하던 지역으로, 연안침식이나 주변 농작물 피해가 없어 해송을 굳이 심을 이유가 없었다. ESG 경영의 보여주기식이었을 뿐이었다. 전문가들은 해송은 겉보기에는 수려하고 잘 자라지만 연안침식을 심화시킬 수 있다고 경고한다. 해송이 빽빽하게 심어지면 바람이 바다에서 육지로 부는 것을 차단해 모래가 해안으로 공급되지 않는다. 해안선과 나란히 불게 된 바람은 모래 이동을 막아 침식은 지속되지만 회복이 되지 않아 결국 해안선이 후퇴하게 된다는 것이다.

왜 '탄소제로숲'이 해송인가

동해시 망상해변은 넓고 고운 백사장과 오토캠핑장으로 많은 관광객들에게 인기 있는 명소다. 그러나 해변에서 10m가량 떨어진 곳에 해양레저 시설이 있고, 바로 옆에는 해송이 식재되어 있어 큰 파도가 칠 경우 레저 시설과 해송이 바다에 잠길 위험이 있다.

입간판에는 "서울에너지공사 임직원이 조성한 탄소상생리본숲은 탄소 배출 저감을 목표로 한 숲"이라는 안내 문구가 적혀 있다. "탄소를 흡수하고 해안방재 역할"을 한다는 내용도 함께 있었다.

　많은 기업이 탄소중립 목표 달성을 위해 나무심기나 숲 복원 프로젝트를 진행하며 환경보호와 사회적 책임을 자임하고 있다. 그러나 실제로는 긍정적인 효과가 미미하거나 오히려 역효과를 내기도 한다. 이규송 강릉원주대 생물학과 교수는 "기업이 ESG 경영을 내세워 해안가에 해송을 심고 있지만 이것은 실제로 환경을 위한 것이 아니다. 겉으로만 친환경 이미지를 얻기 위한 활동"이라고 안타까워했다.

　반복되는 동해안 산불과 연안침식 피해의 주원인 중 하나로 소나무가 지목되고 있다. 동해안 지역의 숲을 이루는 주요 수종인 침엽수, 소나무는 불에 쉽게 타는 송진을 갖고 있어 산불 위험을 높인다. 특히 소나무 솔방울은 바람을 타고 멀리 퍼지면서 불을 확산시킨다.

　해안가의 해송 또한 문제로 꼽힌다. 해송의 뿌리 구조가 연안침식의 주요 원인으로 지목되는 것이다. 해안식물들은 깊이 뻗은 뿌리로 지반을 단단히 고정해 침식을 방지한다. 반면 해송은 표면에 넓게 퍼지는 얕은 뿌리를 가져 지반 깊숙이 뻗는 뿌리가 부족하다. 이로 인해 해송이 식재된 해안가에선 강한 바람과 파도가 몰아칠 때 모래가 쉽게 유실되는 문제가 발생할 수 있다. 게다가 해송이 빽빽하게 자라면, 사구식물 같은 해안침식 방지 식물들이 자라기 어려워진다. 이로 인해 토양과 모래층이 그대로 드러나면서 침식에 더욱 취약해지는 문제가 발생한다. 해안침식이 크게 발생했던 대부분 해변들은 해송군락지가 있었던 곳이다.

뿌리째 뽑힌 소나무가 해안가에 넘어져 있는 삼척시 원평해변

해안개발로 인해 해안선 변화가 가속화된 것도 해송으로 인한 침식을 악화시키는 요인 중 하나다. 해송을 방풍림으로 심는 조경 방식은 파도와 바람의 영향을 막는 데에 한계가 있고, 이는 모래층 유실로 이어진다. 태풍과 폭풍 등 기후 변화의 영향으로 강력해진 자연재해 속에서 해송만으로 해안을 보호하기에는 부족한 실정이다.

동해안에서 심각한 해안침식지대로 알려진 삼척 원평해변과 강릉 안인해변은 과거 해송이 잘 자라던 곳이었다. 침식이 발생하기 전에는 바닷모래와 소나무가 어우러진 아름다운 경관을 자랑했었다. 삼척 원평해변은 궁촌항 건설 이후 해안 침식이 진행되면서 큰 피해를 입었다. 한때 울창한 해송 군락이 형성돼 관광객들이 즐겨 찾던 휴양지였고 소나무가 만들어 주는 그늘 덕분에 야영지로도 인기가 높았다.

하지만 항만 건설 이후 파도의 흐름이 바뀌면서 해변이 빠르게 깎여 나갔고 이를 견디지 못한 소나무들이 뿌리째 뽑혀 바다로 쓰러졌다. 결국 원평해변은 자연 경관과 휴식 공간으로서의 모습을 잃고 해안 침식의 상처만 남게 됐다.

강릉 안인해변은 인공시설로 인해 사구지대가 깎이고 도로가 유실되는 피해를 입었다. 안인화력발전소 공사가 시작되면서 연안침식이 발생했고, 강한 파도에 소나무들은 뿌리째 뽑혀 바닷속으로 사라졌다. 해안 사구를 보호하던 소나무는 결국 제 역할을 잃었고, 도로 유실이라는 큰 피해로 이어졌다. 아래 사진을 보면, 소나무가 있던 자리에 생긴 3~5m 높이의 절벽과 도로 유실을 확인할 수 있다.

강릉시 하시동 안인해안사구. 해안사구에 소나무가 뿌리채 뽑히면서 연안침식이 가속화 되는 현장(2023년 7월)

사구식물 복원 목소리 커져

이러한 문제를 해결하기 위해서는 해송을 대체할 수 있는 적합한 식물 연구와 조경 방안을 마련해야 한다. 연안방재를 해결하기 위한 효과적인 조치가 마련되지 않는다면, 동해안의 해안선은 점차적으로 유실되며 해양 생태계까지 큰 영향을 받을 수 있다. 사구식물의 가장 큰 장점은 뿌리의 구조와 기능에 있다. 사구식물은 모래와 토양 속 깊숙이 뻗는 뿌리 구조를 가지고 있어 해안가에서 바람이나 파도에 의해 토양이 쉽게 유실되지 않도록 고정시킨다.

대표적인 사구식물로는 순비기나무, 통보리사초, 좀보리사초, 갯그령 등이 있다. 이 식물들은 염분에 강하고, 바닷바람에도 잘 견디는 특징을 가지고 있어 해변에서도 건강하게 자랄 수 있다. 사구식물을 심으면 해송 식재에 드는 예산도 절감할 수 있다. 이는 해양 환경의 안정성과 생물 다양성 유지에도 중요하다. 결국, 해안 방재와 환경 보호를 명분으로 진행된 해송 식재가 본래 의도와 달리 생태계에 부담을 주고 있다는 지적은 우리에게 중요한 질문을 던진다. 환경 보호라는 명분만으로 추진되는 활동이 실제로는 역효과를 낳을 수 있다는 사실을 직시해야 한다.

한때 염생식물이 잘 자라던 해변은 이제 방재 역할도 하지 못하는 나무들로 채워졌다. 이는 '겉모습만 친환경'인 기업의 ESG 경영이 얼마나 현실과 괴리될 수 있는지를 보여준다. 진정한 환경 보호는 눈에 보이는 결과가 아니라, 지역 생태계의 지속 가능성과 조화 속에서 평가되어야 할 것이다.

부식된 예술, 잊힌 바다의 기억

강릉 안인항에 설치된 조형물이 관리 소홀로 인해 심각하게 망가져 흉물로 전락하고 있다. 어선을 상징하는 철 구조물은 녹이 슬고, 나무로 만든 난간들은 부러지고 널브러져 있다. 자칫 사고로 이어질 수 있는 위험한 상태다. 망가진 조형물 사이로 어선 사고에 대한 주의 사항을 알리는 플래카드와 어민들이 사용하던 어구들만 나뒹굴고 있다. 안인항을 찾은 관광객들은 조형물이 방치된 것을 안타까워했으며, 아름다운 항구의 경관이 이 조형물 때문에 망가져 보인다면서 조속한 정비가 필요하다고 말했다. 또한 아이들이 조형물 근처에서 놀다가 다칠까 봐 걱정하기도 했다. 이와 더불어 항포구 앞에 방치된 폐타이어와 준설된 모래는 방문객들의 눈살을 찌푸리게 한다.

강릉 안인항은 약 40여 척의 어선이 정박할 수 있는 곳이지만, 어선들이 편하게 정박하기에는 협소하고 주차장도 비좁은 상황이라 조형물 설치 계획이 추진될 당시 어민들은 반대했다. 이곳에 배를 정박해 놓는 한 어민은 몇 번에 걸쳐 조형물 철거 요청을 했지만 방치되고 있어 불만이었고, 또 다른 어민은 조형물을 빨리 철거해 배를 한 대라도 더 정박하는 것을 원하고 있었다. 이

항구 앞에 준설된 모래

안인항에 쌓여
있는 폐타이어

훼손된 조형물

러한 상황은 관리 부재와 환경적 요인이 원인이다. 즉 해양의 염분과 습기 때문에 조형물의 내구성이 떨어지고 있으며, 이를 대비하기 위한 정기적인 유지보수와 점검이 이루어지지 않은 것이 문제이다.

강릉시에서는 이러한 문제를 인식해 현재 설치된 조형물을 철거하고 조형물이 있던 곳을 주차장 및 문화공간으로 탈바꿈시킬 것이라고 한다. 동해안의 각 항포구에는 특성화된 조형물이 설치되어 있지만, 관리 부족과 어민들의 공감대 부족으로 방치된 상태다. 항구의 특성과 어민들의 요구를 조화롭게 반영한 조형물을 설치하면 미적 가치를 높임과 동시에 어민들의 생업에도 지장을 주지 않는 상생 효과를 기대할 수 있을 것이다.

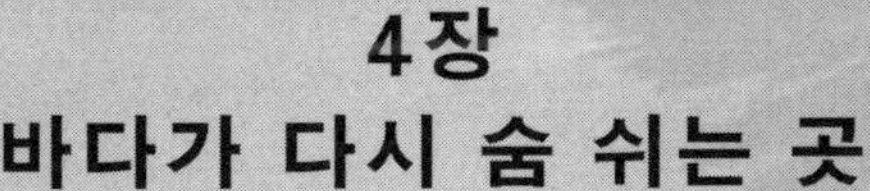

4장
바다가 다시 숨 쉬는 곳

4장
바다가 다시 숨 쉬는 곳

바다를 잃었던 사람들이 다시 바다를 찾고 있다. 그들의 손끝에서 시작된 작은 변화는 어느새 파도처럼 번져 나갔다.

양양 광진리의 어촌계는 매년 바다에 희망의 씨앗을 뿌린다. 차디찬 물살 속에서도 다시마 포자는 자라나고, 절망의 바다라 불리던 그곳에서 초록빛 생명이 돋아났다. 바다는 그렇게 다시 살아났다. 침식으로 허물어진 해안선도 새로운 모습으로 태어나고 있다. 모래가 사라진 자리에는 꽃과 풀이 심어지고, 하얗게 말라버린 바닷속은 녹색물결을 이룬다. 자연과 인간이 대립하던 공간이 마침내 서로를 품는 장소가 된 것이다.

바다는 여전히 거칠고, 겨울에는 고드름이 달릴 만큼 매섭다. 그러나 그 차가운 시간 속에서도 해조류는 흔들리며 봄을 기다린다. 사람들은 그 기다림의 끝에서 배를 띄우고, 오래된 그물을 다시 바다에 드리운다. 창경바리라 불리는 전통 방식으로 돌미역을 수확하는 순간, 바다는 비로소 사람의 손길을 허락한다.

　4장에서는 한 마을, 한 어촌, 그리고 한 사람의 믿음에서 시작된 작은 변화가 어떻게 바다를 다시 숨 쉬게 만들었는지, 그리고 그 숨결을 따라 사람들이 다시 바다로 나아가는 모습을 기록했다. 발끝으로 느껴지는 모래의 감촉, 물살에 실려 오는 냄새, 파도 소리 속에서 들리는 생명의 숨결. 모든 것이 살아 있는 바다의 증거다.

어촌계가 심는 희망의 씨앗, 다시마 종묘 심기

탄핵정국 속, 사람들의 시선은 오로지 그 소란의 중심을 향해 있었다. 분노와 좌절, 희망의 외침이 광장을 메웠고, 정치적 격변의 물결이 사회 전반을 흔들고 있었다. 그러나 그 누구의 눈에도 띄지 않던 바닷속, 고요하고 어두운 곳에서는 미래를 향한 희망의 씨앗이 심어지고 있었다. 사라진 바다숲을 되살리고자 하는 손길이다. 강원도 동해안의 자그마한 어촌, 광진리 마을 이야기다.

2024년 12월, 강원도 양양군 광진리 어촌계는 한국해양환경생태연구소, 동해안 탄소제로센터와 함께 동해안 생태계 복원을 위한 다시마 종묘 심기 작업을 진행했다. 잊힌 바다숲을 되살리기 위한 이 작은 시도는 누구에게도 크게 주목받지 못했지만, 그 의미는 결코 작지 않았다. 당시 한 어민의 말처럼, 이제라도 바다를 되살리지 않으면 우린 더 이상 고기를 잡을 수 없을지도 모른다는 절박함이 그들을 움직였다. 다시마 숲, 그것은 단순한 해조류가 아니라 수많은 바다생물의 보금자리이자 어민들의 삶터였다.

양양 광진리해변. 다시마 종묘를 이식하기 위한 작업을 하고 있다.

　광진리 바다는 한때 풍부한 해조류와 어류로 가득했던 생태
계의 보고였으나, 현재는 그 모습이 거의 사라진 상태다. 특히 전
복, 성게, 우럭 등 20여 종의 해양 생물들이 의존하던 다시마가
사라지면서 이들 생물은 먹이와 서식지를 찾지 못하는 상황에 처
했다.

　해양 생물들의 급감은 지역 어민들의 생계에 심각한 영향을
미치고 있다. 어민들은 바다에서 수확할 자원이 줄어들면서 경
제적 어려움을 겪고 있다. 어민 김영화 씨는 "해조류가 풍성하던
시절에는 어민들의 삶도 풍요로웠다"라며 "해조류가 사라지면서

해조류에 알을 낳기 위해 몰려든 도루묵

전복, 도루묵 등 바다 생물이 사라지고 어민들의 생계도 어려워졌다"라고 전했다.

한겨울 바다에서 참다시마 종묘 이식

이 바다숲 조성에 활용되는 해조류는 다시마다. 다시마는 과거 동해안의 중요한 자원이자 어민들에게 효자 노릇을 하던 해조류였으나 약 15년 전 동해안에서 사라졌다. 다시마는 바다 생물에게 서식 환경을 제공하고, 어업에 필요한 생물 자원을 풍부하게 만들어왔다. 어민들은 이 복원 작업이 지속 가능한 어업과 지역 경제에 긍정적인 영향을 미칠 것으로 기대했다.

박철부 광진리 어촌계장은 "바닷속 다시마가 사라지면서 어민들의 생계가 위협받고 있다"라고 말하면서, "다시마 숲 조성으로 탄소제로를 실현하고 어민들의 소득을 증대시킬 수 있는 방

해저생물, 성게가 달라붙지 않게 실타래에 감고 있는 다시마 종묘 작업

안을 찾아보려고 한다"라고 포부를 밝혔다.

다시마 종묘는 서해안 백령도에서 가져왔다. 참다시마는 수온, 해류, 빛, 기질, 영양염류에 민감하기 때문에 세심한 관리와 노력이 필요하다. 종묘를 실타래에 감아 바다에 띄우고, 성게와 불가사리 같은 조식동물[1]이 접근하지 못하도록 철저한 방어 조치를 취한다. 다시마의 건강한 성장을 돕기 위해 블록에 바다시비[2]를 투입해 최적의 환경도 조성해주었다. 참다시마는 생태적 가치와 경제적 잠재력을 가진 해조류다. 다시마 종묘 이식작업처럼 세심한 관리와 노력을 지속한다면 동해안에서도 서해안 백령도처럼 다시마 숲을 조성할 수 있을 것이다.

동해안은 강한 파도와 불규칙한 해류로 인해 다시마 포자 부

---

1   다시마 같은 해조류를 갉아먹는 해양 동물
2   영양염을 공급하는 인공 비료를 투입해 해조류 생육을 돕는 것

착이 어려운 환경이다. 이식 장소를 선정할 때는 암반 침식 가능
성, 조류 흐름, 그리고 어민들의 어업구역까지 종합적으로 고려
해야 한다.

바닷속에서 작업한 한국해양환경생태연구소 곽철우 대표는
어려운 해상 여건 속에서도 다시마 시범사업에 도전하게 되었다
며 "해조류가 정상적으로 성장하려면 광합성, 조식동물의 섭식,
어민 조업으로 인한 피해를 극복해야 하고, 이러한 조건이 충족
되어야 해조류 숲이 조성되고 어장이 활성화될 수 있다"라고 강
조했다.

바다숲은 해양 생물에게 서식지와 먹이를 제공하며 해양 생
태계의 건강을 회복시킨다. 해조류와 해초는 대기 중 탄소를 흡
수하고 저장해 '블루 카본'의 핵심 역할을 한다. 특히 다시마 숲
은 해양 생물들의 서식지로 바다 사막화를 막고, 어획량 증가를
통해 어촌 경제 개선에 기여할 것이다.

바다숲. 해양생물들의 먹이원이자 쉼터이면서 탄소를 흡수하는 역할을 한다.

탄소제로 어촌, 환경 보호와 경제적 지속 가능성 추구

탄소제로[3] 어촌 모델은 환경 보호와 경제적 이익을 동시에 제공하며, 지속 가능한 발전에 기여할 것으로 기대된다. 이를 통해 어촌 지역이 자연 환경을 보전하면서 경제적 번영을 이룰 수 있을 것이다.

한편 한국해양환경생태연구소 동해안 탄소제로센터는 이 활동을 통해 동해안의 탄소 중립 실현과 해양 생물 다양성 증진을 목표로 다시마숲 복원 사업을 지속적으로 확대할 계획이다. 바다숲 조성사업에 재능기부한 김수아 동성해양개발 대표가 이 사업에 참여한 이유는 다시마 종묘 심기가 어촌 경제에 기여할 기회라고 생각했기 때문이다. 그는 광진리 어민들과 협력해 다시마숲을 되살리고, 잘사는 어촌 마을을 조성해 광진리가 전국 최초 탄소제로 어촌계로 성공하는 것에 힘쓰겠다고 전했다.

바닷속 숲, 생태계를 품은 다시마

2025년 4월, 강원도 양양군 광진리 앞바다에서 다시마가 1.5m 이상 자라나는 놀라운 성과가 확인됐다. 그동안 갯녹음 현상과 수온 상승, 인간 활동 등으로 해양 생태계가 크게 훼손됐던 이 지역 바다에 희망적인 변화가 감지된 것이다. 성게와 불가사리 등 조식동물의 접근을 막고 '바다시비'를 투입해 생육 환경을

---

3   기업의 모든 활동에서 발생하는 이산화탄소를 최대한 줄이고 이산화탄소를 줄이는 것이 불가능한 부분에 대해서는 탄소배출권을 자발적으로 매입하여 궁극적으로 이산화탄소의 발생을 '0'으로 만드는 일.

최적화한 결과, 다시마가 건강하게 자생할 수 있는 기반이 마련되었다.

인천대학교 해양학과 김장균 교수는 "다시마의 성공적인 성장 사례는 양양 광진리 앞바다뿐만 아니라 전국적으로 진행 중인 바다숲 복원 사업에도 긍정적인 영향을 미칠 것"이라고 기대감을 나타냈다. 현장을 둘러본 국립수산과학원 전제천 박사는 "한 어촌계와 뜻있는 분들의 노력으로 이뤄낸 성과는 매우 의미가 크다"라며 "앞으로 지속적인 관리와 노력이 이어진다면, 이 어촌계는 새로운 모델로 자리 잡을 수 있을 것"이라고 긍정적으로 바라보았다.

풍성하게 자란 다시마는 다양한 해양 생물에게 먹이와 서식처를 제공하며 생태계 회복에 크게 기여하고 있다. 복원된 광진리 앞바다는 전복, 넙치, 가자미 등 다양한 해양 생물들이 하나둘 모습을 드러내며 활기를 되찾는 모습이다.

이 성과는 오랫동안 갯녹음, 수온 상승, 인간 활동 등으로 어려움을 겪어온 광진리 앞바다에 새로운 전환점을 마련했다는 평가를 받고 있다. 특히 다시마 복원은 바다사막화 극복을 위한 중요한 첫걸음으로 꼽히며 지역 어민들에게도 큰 희망을 안겨주고 있다.

양양 광진리 박철부 어촌계장은 어획량 감소로 생계를 포기할 뻔했던 지난 시간을 떠올리며 "올해는 뭔가 다를 것 같다. 해조류가 하나둘 늘어나면서 바다생물들도 많이 찾아오고 있다"라며 "다시마가 우리 광진리 어민들에게 희망의 메시지를 전해주고 있다"라고 반가움을 감추지 않았다. 작업에 참여한 한국해양환경생태연구소 권욱 연구원은 "사라진 다시마 복원은 몇 차례 시도됐지만, 이렇게 성공적으로 이뤄진 것은 처음"이라며 "지난 겨울 바닷속에 다시마 포자를 이식할 때는 두려움과 설렘으로 가득 차 있었는데, 기대보다 성공적이다"라고 말했다.

잃어버린 바다의 보물, 다시마의 추억

과거 동해안에서 다시마는 중요한 수산 자원이자 어민들의 '효자 작물'로 불렸다. 1990년대까지만 해도 연간 1,000톤이 넘는 다시마가 생산됐다. 수확철이면 어른과 아이 할 것 없이 마을 전체가 함께 작업에 나섰다. 해안 경계를 위해 설치된 철조망은 다시마 건조대로, 해안도로는 다시마를 널어 말리는 공간으로 활용되며 마을 전체가 다시마로 물들었다.

관광객들에게는 이색적인 풍경이자 어민들에겐 익숙한 일상이었다. 광진리 한 어촌계원은 "그때는 다시마를 말리는 풍경이 동네 곳곳에 펼쳐졌다. 옛날 그 장면이 많이 그립다"라고 회상했다. 또 다른 마을주민은 "예전에는 백사장이 다시마로 가득 차서 귀찮을 정도였는데, 지금은 아무리 찾아보려 해도 보기 힘든 귀한 존재가 됐다"라며 아쉬움을 드러냈다.

다시마 복원, 탄소제로의 원천이자 어민들의 삶

광진리해변의 다시마 복원은 단순한 해양 생태계 회복을 넘어 지역 공동체 재생의 신호탄이다. 해조류는 바닷속 탄소 흡수원으로서 기후 위기 대응에 기여할 뿐만 아니라, 어민들의 소득 기반 회복에도 중요한 역할을 한다. 다시마 복원 프로젝트는 단기적인 수익보다 지속 가능한 어업을 목표로 하는 투자로 평가된다.

어촌에서 다시마를 복원하는 일은 단순히 한 종의 회복을 넘어서 해양 환경과 바다 자원의 회복에 크게 기여한다. 바다의 건강과 어촌 경제, 그리고 지속 가능한 자원 관리의 핵심적인 해결책으로 작용할 수 있다. 다시마는 모든 식품에 필수적인 요소로, 단순한 해조류 복원이 아니라 바다 생물들의 고향을 만드는 중요한 사업이다.

2024년 12월, 추운 날씨 속에서도 바다와 자연을 위한 따뜻한 손길은 이어지고 있었다. 다시마를 심는 그들의 노력은 단순한 해양복원이 아니라 생명의 가치와 자연의 순환을 되살리는 일이었다.

탄핵과 조기대선이라는 격동의 시대 한가운데서도, 작은 바닷가 마을에 조용히 뿌리내린 다시마는 우리에게 변함없는 희망의 메시지를 전하고 있다. 바다가 품은 소중한 생명, '검은 비타민' 다시마. 이제 우리는 동해안에서 다시마 숲을 복원하여, 잃어버린 생태계를 되찾고 새로운 미래를 함께 열어가야 한다.

자연과의 화해, 해안 침식지를 공원으로 바꾸다

여기 있던 지저분한 집들이 다 사라졌네요. 헝클어진 내 머리카락을 깔끔하게 자른 기분입니다.

무허가 집들을 철거하고 노란 꽃밭으로 변신한 해안마을을 보고 강릉시민이 던지는 말이다. 강릉시 안현동 사근진해변 이야기다. 이곳에 가면 푸른 파도와 노란 들녘이 발걸음을 멈추게 한다. 동해안에서는 바다와 가장 가까이서 꽃을 감상할 수 있는 곳이다. 사근진 순긋은 경포해수욕장의 북쪽에 위치하고 있는 소규모 간이해수욕장으로, 아담한 해변이다. 인근의 경포해변이 젊은 이들이 찾는 곳이라면, 사근진 순긋해변은 조용하고 수심이 얕아 가족단위의 피서객들이 선호하는 곳이다. 서울에서 온 김천일 씨 부부는 "바닷가 인근의 유채꽃은 제주도에서만 볼 수 있었는데 동해안에 와서 이렇게 바다와 가깝게 꽃을 본다는 게 행운"이라며 즐거워했다.

한때는 파도소리를 들으면서 신선한 회를 저렴하면서도 맛깔스럽게 먹을 수 있는 횟집들이 줄지어 있어 시민들이 선호하는 해변이었다. 그야말로 가성비 좋은 횟집이 있는 해안가였다. 꽃밭 소문을 듣고 방문했다는 한 강릉시민은 회를 먹기 위해 가족들과 함께 자주 왔던 곳인데, 횟집은 철거되어 아쉽지만 노란 유채꽃밭으로 변해 있어 좋다고 말했다. 또 다른 시민은 동해안 해안가는 소나무(해송)가 천편일률적으로 덮여 있는데, 이곳은 노란 유채꽃으로 조성돼 있어 신선함을 주고, 더 많은 볼거리가 생겼다고 기뻐했다.

동해안은 고파랑이 많이 발생하는 지역적 특성으로 인해 연안표사이동[4]으로 인한 연안침식에 노출되어 있다. 특히 이곳은 너울성 파도로 인해 해안가 도로뿐만 아니라 주택이 파괴될 정도로 상태가 심각해 막대한 예산을 들여 임시방편으로 응급복구를 펼쳐왔던 지역이다. 지난 2021년 연안침식실태조사에서 해안침식 위험등급으로 판정받은 이후 2023년도 역시 같은 등급으로 판정되었던 위험 지대이기도 하다.

이곳의 정비되지 않은 불법건축물과 연안침식은 방문객들의 눈살을 찌푸리게 했고, 위험에 노출되게 했다. 이에 2020년 제3차 연안정비기본계획에 포함돼 당초 인공시설물 등을 조성할 계획이었으나 주변 지역 2차 피해 발생이 우려되어 육지에 침식 완충구역을 확보하는 방향으로 선회했다. 해안침식을 줄이기 위해 바다에 인공구조물을 설치하던 방식에서 육지에 완충구역을 만드는 쪽으로 방향을 바꾼 것이다. 이는 수온상승과 해수면 상승

---

4   모래 해안 근처에서 비교적 일정하게 흐르는 바닷물로 말미암아 육지의 흙모래가 이동하는
     현상

등 기후변화에 따라 필연적으로 발생하는 해안침식에 근본적으로 대비하기 위한 것으로, 공간을 많이 확보해 해안선 자체를 내륙 쪽으로 후퇴시키는 개념이다. 이것이 바로 국민안심해안 사업이다. 이 사업은 연안재해 위험이 높은 해안 지역의 토지를 사들여 그 공간에 친환경 공원을 만드는 것으로, 전국에서 강릉시와 전북 고창군 시범지역으로 선정됐다. 이 완충구역은 강릉시가 추진하는 경포3지구 녹지축 조성 사업과 맞물려 추진돼 사업 성과가 크게 기대된다. 국민안심해안 사업은 사근진-순긋지구 해안 1.5km 구간, 5만 6,743m²로 사업비 220억 원을 들여 2026년까지 실시한다는 계획이다.

아래 사진은 사근진 순긋해변의 해안침식이 심각했던 2021년 모습과 2024년 4월의 모습을 비교한 것이다. 해안가 인근 45가구 53개 동의 불법건축물을 철거하고 난 이후, 절벽과 임시복구 현장은 사라지고 백사장이 다시 회복된 것을 한눈에 알 수가 있

상습침식지역. 침식등급 D등급으로 위험지구로 노출되어 있던 해변(2021년 9월)

침식이 심해 임시방편으로 복구했던 해변이 모래사장으로 변모했다.(2024년 5월)

다. 인공구조물인 해안도로와 집들을 철거한 후퇴 공법이 성공을 거둔 셈이다.

친환경공법의 성공으로 연안침식이 사라지고 자연생태계를 회복한 서해안 기지포해안[5] 역시 1970년대부터 인공구조물이 설치되면서 파도의 방향이 바뀌고 바닷모래 채취와 하천 퇴적물 유입 등으로 해안침식이 심각한 해변이었다. 그 심각성을 인식한 국립공원공단은 친환경 공법으로 선회하여 해안선이 복구되고 연안침식이 사라진 해변으로 거듭났다. 여기에는 모래 포집기가 큰 역할을 했다. 포집기는 대나무를 엮어 만든 약 1.2m 높이 정도 되는 울타리로, 해안가에 지그재그 모양으로 설치해 두면 바람에 날려온 모래가 그 자리에 쌓이게 하는 역할을 한다. 설치 이

---

5   충남 태안반도에 있는 해변으로 염생식물과 자연친화적인 공법으로 해안침식을 예방한 해
     수욕장이다.

후 옛 해안가 모래의 모습을 그대로 복원할 수 있었다. 해안사구가 복원되자 통보리사초, 갯맷꽃, 갯그령 등 사구식물 10여 종도 자연 유입되어 자연식생을 연구하는 많은 탐방객과 관광객이 찾는 해안가로 다시 태어났다.

네덜란드와 미국에서는 연안침식이 심각한 해변은 해안도로나 건축물 등 인공구조물을 해안선으로부터 후퇴시켜 해빈을 확보하고 침식을 예방하는 방향으로 가고 있다. 연안침식 문제에 직면한 선진국들은 더 이상 콘크리트 방파제나 호안에 의존하지 않는다. 대신 자연의 힘을 활용해 침식을 완화하고, 동시에 생태계를 회복하는 친환경 연성공법(Soft Engineering, Nature-based Solutions)을 적극 도입하여 실질적인 성과를 거두고 있다.

대표적인 사례가 네덜란드다. 네덜란드는 해수면 상승과 연안침식에 대응하기 위해 '샌드 엔진(Sand Engine)'이라는 혁신적인 연성공법을 도입했다. 호주 역시 연성공법을 장기적으로 운영해 온 국가다. 골드코스트 지역은 반복적인 연안침식 문제를 해결하기 위해 정기적인 해변 모래 영양공법(Beach Nourishment)을 시행하고 있다. 미국에서는 '리빙 쇼어라인(Living Shorelines)'이라는 개념이 확산되고 있는데 이는 습지, 사구, 자갈 해안, 식생, 조개초 등을 활용해 해안을 보호하는 방식이다.

이들 국가의 공통점은 명확하다. 연안침식을 단기적으로 막는 데 집중하기보다 모래의 이동과 파랑의 에너지를 자연스럽게 받아들이고 조절하는 방향으로 정책과 공법을 전환했다는 점이다. 그 결과 연성공법은 침식 저감뿐 아니라 생물서식지 회복,

경관 개선, 유지관리 비용 절감이라는 다층적인 성과를 만들어 냈다.

이러한 해외 사례는 동해안과 같이 파랑 에너지가 강하고 생태적 가치가 높은 지역에서, 무분별한 해안도로와 경성 구조물 대신 자연 기반 연안관리 전략을 선택해야 할 필요성을 분명히 시사한다. 연안침식 대응의 해법은 더 단단한 구조물이 아니라, 자연을 이해하고 존중하는 설계에 있다는 점을 선진국의 사례가 보여주고 있다.

강원대 김인호 교수는 미국 플로리다가 해안 침식 문제를 친환경적으로 해결한 사례를 언급하며, 국내에서도 인공구조물 대신 친환경 공법으로 연안침식에 대응해야 한다고 강조했다.

사근진 순긋해변은 동해안에서 유일하게 국민안심해안 사업으로 선정되어 나무숲 외에 어떤 인공구조물도 들어설 수 없는 친환경 공원으로 조성될 예정이다. 이제 시작에 불과한 초기 사업인 만큼 본래 목적에 맞는 노력이 뒤따라야 한다.

주민이 가꾸고 자연이 품은 해변

강원도 양양군 동해안의 작은 어촌마을 광진리가 여름 피서철을 맞아 가족 단위 여행객 사이에서 숨은 보석으로 주목받고 있다. 수심이 얕은 깨끗한 바다, 주민들의 자율적인 해변 관리, 해양 생태 체험까지 어우러져 아이들과 함께하는 여름 여행지로 손색이 없다.

이 마을 바다는 우리가 지킨다

2025년 8월, 광진리해변은 한여름 햇살 속 아이들의 웃음소리로 활기를 띠었다. 정식 해수욕장은 아니지만, 마을 주민들이 속한 어촌계가 자율적으로 해변을 관리하고 있었다. 주민들은 매일 아침 해변을 돌며 쓰레기를 수거하고, 수초와 해조류를 정비하며, 관광객을 위해 임시 샤워장과 간이 화장실까지 설치·운영하고 있다. 박철부 광진리 어촌계장이 이러한 활동을 직접 이끌고 있었다.

우리가 사는 마을이고, 우리 아이들이 자란 바다잖아요. 행정에서 손이 미치지 못하는 곳이라면 우리가 먼저 나서야죠. 올해도 피서객이 많아졌지만 서로 배려하고 지키는 분위기가 참 고마워요.

서울에서 두 자녀와 함께 온 김현주 씨는 광진리 해변을 가족 여행지로 최고라고 손꼽았다.

수심이 얕아서 초등학교 저학년 아이들도 안심하고 놀 수 있어요. 파도도 잔잔하고 바닷물도 정말 깨끗했어요. 무엇보다 마을 주민분들이 친절하게 아이들을 챙겨주는 모습에 감동했어요. 해조류 채집하기, 모래집 쌓기, 바다생물 감상하기 등 바다 체험도 무료로 할 수 있었고요.

아이들과 함께 대전에서 온 관광객 최민우 씨는 아이가 해조류와 조개를 직접 채집하는 체험을 통해 바다에 대한 관심을 가지게 됐다고 했다.

요즘은 돈을 주고도 이런 체험을 하기 어렵잖아요. 주민분들이 직접 안내해주셔서 교육적으로도 너무 좋았고, 아이도 정말 좋아했어요. 여긴 개발보다 자연을 지켜서 매력적인 곳입니다.

암반에 자생하는 해조류들이 많아 어린이들이 체험하기에 적합한 자연 학습의 장소이다.

방파제와 암반이 만든 천혜의 자연 놀이터

광진리해변이 가족 단위 피서객에게 인기가 많은 데는 자연 조건도 한몫한다. 해변 바로 앞에 마을 방파제가 설치돼 있어, 바다에서 몰려오는 큰 파도를 효과적으로 차단해준다. 덕분에 해안은 비교적 잔잔한 수면을 유지해 어린아이들도 안심하고 물놀이를 즐길 수 있다. 이곳은 파도가 닿지 않는 얕은 수역에 다양한 해조류와 조개 등 바다 생물이 자연 그대로 서식하는 장소로, 생태 체험에 안성맞춤이다. 서울에서 온 관광객 김민우 씨는 "아이들이 직접 톳, 파래 같은 해조류를 만져보고, 게와 고둥을 관찰하면서 바다를 더 친근하게 느끼는 모습이 정말 인상적이었다"라며 "책이나 영상으로만 보던 것들을 이렇게 실제로 체험할 수 있는 곳은 흔치 않다"라고 말했다.

강원도 양양군 현남면 광진리에 위치한 아담한 어촌 마을

지속가능한 어장 관리

광진리 어촌은 해양수산부의 어촌뉴딜사업[6] 대상지로 선정된 지역으로, 규모는 작지만 체계적이고 과학적인 어장 관리를 통해 건강한 바다 환경을 유지하고 있다. 2년마다 어장 휴식년제를 시행해 해양 생태계를 보호하고 있으며, 해조류와 다양한 바다 생물이 풍부한 생태 환경을 자랑한다. 이와 함께 해양 관광과 레저 활성화를 통해 지역 소득과 경제 기반을 강화하고, 지속가능한 성장을 도모하고 있다.

박철부 어촌계장은 어촌도 이제는 과학적이고 지속 가능한 방식으로 관리돼야 한다고 말한다. 단순한 관광객 유치보다 광진리의 고유한 특색을 살린 체험 중심의 어촌으로 발전시키는 것

---

6 낙후된 소규모 항·포구의 현대화와 지역 특화개발을 통해 어촌의 재생과 혁신성장을 견인하는 정부의 지역밀착형 생활 SOC(Social Overhead Capital) 사업이다.

이 중요하다는 생각이다. 아이들이 바다 생태를 직접 경험하고, 어른들도 함께 즐길 수 있는 체험마을 조성을 위해 어촌계는 꾸준히 노력하고 있다.

광진리는 단순한 피서지를 넘어 자연과 사람, 그리고 공동체의 가치를 전하는 특별한 공간으로 자리매김하고 있다. 광진리의 어촌계원들은 아침마다 조개껍데기와 아이들이 다칠 수 있는 물건들을 치우고, 해변을 정리한다. 계원 중 한 명은 "우리 마을을 찾는 분들을 손님으로 생각하면 자연스럽게 손이 간다"라고 웃으며 말했다.

광진리 어촌은 체계적인 어장 관리와 주민들의 자율적인 공동체 운영 덕분에 건강한 바다 환경과 안정적인 해변 관리, 높은 만족도를 유지하고 있다. 해양 생태를 보호하면서 관광과 레저를 활성화하고, 아이들과 방문객이 직접 바다 생태를 체험할 수 있는 공간으로 발전해온 광진리는 앞으로도 주민 주도의 소규모 운영을 이어가며 생태 관광지로 자리매김할 것이다. 광진리는 단순한 관광지가 아니라, 주민이 중심이 되어 바다와 삶을 함께 지켜가는 살아 있는 어촌임을 보여준다.

바다가 품은 짧은 봄의 기억, 고르메

강릉시 심곡해변에는 강릉 사람만 아는 바다 나물이 있다. 타지인들은 '그게 뭔데?' 하고 갸우뚱한다. 산해진미가 부럽지 않은 봄바다의 별미, 바로 고르메다. 고르메 나물은 바다에서 나는 나물이라고 하여 붙여진 이름으로, 본래 명칭은 고리매이다. 고르메는 조간대(潮間帶) 부근의 바위에 붙어살며, 지름은 약 15mm이고 길이는 15~60cm이다. 강릉에서는 강동면 심곡리, 옥계면 도직리 앞바다에서 채취한다. 처음에 고르메는 이용가치가 거의 없었으나 돌김, 파래 등을 함께 섞어 김처럼 말린 제품을 개발하였다. 김보다는 투박하고 두툼한 데다 모양새가 누덕누덕하다 해서 이것을 '누덕나물'이라고 부르거나 '막나물'이라고 한다. 동해안에서는 '고르메', '고리매', '누덕나물', '막나물'이 모두 사용된다.

고르메는 음력 동짓날부터 이듬해 4월까지가 가장 맛이 좋다. 이때를 놓치면 제철 맛을 느낄 수 없다. 해조류가 암반 지역에서 잘 자라는 것처럼 고르메도 파도가 적당히 있고 암반이 있는 곳에 뿌리를 내린다. 동해안에는 암반으로 형성된 지역이 많지만 특히 심곡해안은 수심이 얕고 암반이 잘 발달되어 있어 고르메가

바위틈에 자리 잡은 고르메

자라기에 최적이다.

고르메는 폭은 3~8mm, 길이는 50~60cm까지 자란다. 김이나 파래보다 먼저 나와 입맛을 돋우는 봄의 전령사로 김타래처럼 묶어 판다. 봄에 밥맛을 잃었을 때 찾게 되는 추억의 나물이다.

고르메의 채취는 주로 여성들의 몫이다. 아침 7시에 일어나 바닷가로 나간다. 손으로 뜯기도 하지만 전복이나 섭 껍데기 같은 걸로 긁거나 훑기도 한다. 그런 다음 바닷물로 씻어내고 헹군 후 모래가루를 제거해 한 장씩 김발 위에 올려 말리는 지난한 과정과 수고로움이 필요하다.

오랫동안 고르메를 채취한 할머니는 "고르메를 만드는 과정이 너무 힘들어요. 어떻게 60여 년 이상을 일해왔나 생각하면 끔찍합니다. 옛날에는 바닷가 인근에서 잠시만 뜯어도 수확하는 양이 많았는데 이제는 멀리 나가야 되고 고르메도 많지 않아서 모

암반이 잘 형성된 지역에서 고르메를 채취하는 마을주민

두가 어려워요"라고 하소연했다.

강릉 심곡은 정동진에서 10여 분 바닷길을 달리다 보면 나온다. 깊은 골짜기 안에 있는 마을이라 6.25 때 전쟁이 난 사실을 모를 정도로 오지였다. 이 마을에서 채취되는 자연산 돌김은 품질이 뛰어나 임금에게 진상되었다고 한다. 지금은 바다부채길과 헌화로가 개통되어 조약돌해변은 항으로 변했고 해조류들도 사라졌다.

1990년도에는 고르메가 나는 3월이면 강릉 심곡마을에 이색적인 풍경이 펼쳐졌다. 해안길가, 지붕, 담장은 검은 천을 둘러놓은 것 같았다. 그물발이나 김발에 고르메를 말리기 위해서 펼쳐놓은 장면이다. 그 모습이 재래식 김 말리는 모습과 유사했다. 할머니들은 그 자리를 고수하면서 지키고 있었다. 참 정겨운 어촌의 모습이었다.

　인근 감자옹심이를 파는 음식점에 가면 한두 장씩 이 지역의 특산품이라고 내놓곤 했다. 고르메는 김보다도 까칠까칠하면서 특유한 짠맛이 입맛을 돋구었다. 기름에 살짝 튀기기도 하고 마른 채로 먹기도 한다. 김보다 거친 질감이지만 바삭하고 고소함이 있다. 기름진 누덕나물의 고소함과 짭쪼롬함은 바다 향기 나는 진정한 밥도둑이다.

　하지만 고르메를 비롯한 많은 해조류들이 사라지고 있다. 지구온난화와 더불어 해양환경오염, 과도한 채취가 고르메 개체수를 급격히 감소시키고 있다. 이제 심곡마을에서는 고르메를 채취하는 모습도, 길가에 말리는 장면도 찾아보기 힘들다. 바닷가에서 반찬거리를 찾아나온 동네 주민은 말한다.

김발 위에 널려진 고르메

　다른 해조류는 보이는데 고르메가 보이지 않아요. 바다부채길이 개통되지 않았을 때는 해변가 바위에 고르메가 꽉 차 있었는데 해안길이 나고부터 보기가 어려워요. 사람의 욕심이 추억을 앗아갔어요.

봄철 입맛을 깨우는 바다나물, 고르메는 유난히 향기로워 사람들의 기억을 불러낸다. 한때는 마을 어디서나 쉽게 볼 수 있었지만, 이제는 정동진 심곡마을의 한켠에서만 그 모습을 간직하고 있다. 머지않아 이 풍경도, 이 맛도 추억 속 이야기로 남게 될지 모른다.

사라져가는 전통의 그물,
다시 바다에 드리우다

강릉 등명해변의 바다는 녹색 캔버스 위에 검은 물감을 뿌린 듯한 모습이다. 투명한 물속에서는 돌미역이 부드럽게 일렁이며, 햇빛을 받아 은은한 녹빛을 머금는다. 거센 파도가 지나가도 바위를 부둥켜안은 돌미역은 자연의 흐름 속에 녹아들어, 자연이 빚어낸 한 폭의 수채화를 완성한다.

창경바리, 첫 돌미역 수확

등명해변에서 채취한 돌미역은 해발 200m의 산자락에서 약 보름간 바닷바람을 맞으며 자연 건조된다. 그 맛과 질감이 뛰어나 많은 사람들에게 사랑받는 지역 특산물로 자리 잡아 전국 각지로 유통되고 있다.

2025년 4월, 첫 돌미역 수확이 강릉 정동진, 등명 바닷속에서 시작됐다. 그 중심에는 오랜 세월 지역 어민들의 삶을 지켜온 전

등명해변 앞바다에서 미역을 수확하는 어민

통어법 '창경바리'[7]가 있다. 창경바리는 국가중요어업유산[8]으로 강원특별자치도에서 유일하게 등재되었다. 강릉 심곡, 등명해변에서 전승되고 있는 창경바리 어업은 뗏목을 타고 창경으로 물속을 들여다보면서 돌미역을 채취하거나 성게, 전복 등을 잡는 친환경 어법이다.

등명해변처럼 암반이 많고 수심이 얕은 곳에서는 혼자 때배를 이용해 돌미역을 채취하며, 정동진이나 심곡처럼 수심이 깊은 지역에서는 2~3명이 동력선을 이용해 수확한다. 첫 수확에 나선

---

7   유리를 끼운 나무틀인 '창경'을 이용해 바닷속을 들여다보며 미역, 성게, 해삼 등 해조류와 정착성 어종을 채취하는 전통 어업 방식으로, 조선시대 함경도에서 유래해 1970년대 말까지 동해안 전역에서 성행했으나 현재는 강릉시 강동면 정동진과 심곡 어촌계 등 일부 지역에서만 명맥이 이어지고 있다.

8   오랜 시간에 걸쳐 형성된 고유의 유·무형 어업자산을 보전하기 위해 해양수산부가 2015년부터 지정·관리하는 어업유산이다.

정동진의 한 어부는 창경바리가 단순한 어업이 아니라 지역의 자연과 문화가 어우러지는 중요한 작업이기 때문에 올해는 풍성한 수확으로 마을에 기쁨이 가득하길 소망하고 있다.

전통적인 돌미역 수확에는 떼배, 창경, 낫대 세 가지 도구가 사용된다. 이 가운데 가장 핵심적인 도구는 바로 '낫대'다. 낫대는 낫을 대나무에 묶어 만든 채취 도구로, 무게감을 주기 위해 대나무 끝에 박달나무를 붙여 사용한다. 이 방식은 돌에 붙은 미역을 감아 올리듯 조심스레 베어내는 것으로, 미역을 훼손하지 않고 깨끗하게 수확할 수 있어 오랜 세월 전해 내려온 전통 기술로 인정받고 있다.

창경바리 작업은 겉보기에는 단순해 보이지만, 실제로는 매우 복잡하고 고된 과정이다. 어부는 떼배 위에 엎드려 유리 거울로 바닷속을 살피며 조심스럽게 작업한다. 불안정한 자세와 예기치 않은 파도는 큰 위험을 동반하며, 고도의 집중력이 요구된다. 또한 날씨의 영향을 크게 받기 때문에 한 달 중 실제로 조업이 가능한 날이 10일 남짓에 불과한 경우도 많다. 창경바리 어업을 하다가도 강한 바닷바람에 작업이 종종 중단된다. 바닷일은 한 치 앞을 예측할 수 없어 돌미역 채취는 하늘의 조건에 따라 달라진다.

천혜의 해역, 생명이 숨 쉬는 바다-강릉 등명해변

　강릉 정동진 북쪽에 위치한 등명해변은 아름다운 풍경 외에도 귀중한 가치가 있다. 이곳은 바다 생명들이 서식하는 '천혜의 해역'으로, 해조류가 자라기에 최적의 조건을 갖춘 동해안의 대표적인 생태 보고다. 등명해변의 해저는 대부분 암반 지형으로 이루어져 있다. 수중 생물이 안정적으로 붙어 살 수 있는 이 바위 지형은 돌미역, 다시마, 감태 등 각종 해조류의 서식에 최적의 환경을 제공한다. 특히 조류와 파도, 그리고 암반의 조화는 해조류가 건강하게 자라나는 데 결정적인 역할을 한다. 돌미역이 영양분을 충분히 흡수하고, 햇빛을 받아 광합성을 할 수 있는 조건이 고루 갖춰진 곳. 바로 그곳이 등명해변이다.

해발 200m에서 바닷바람을 맞으며 건조되고 있는 돌미역

자연과 공존하는 어업, 등명해변이 전하는 조용한 울림

강릉 등명해변의 맑고 투명한 바닷속에는 지금도 수많은 해조류들이 햇빛을 머금으며 자라고 있다. 초록빛 물결이 암반 위를 흐르듯 일렁이는 그 풍경은 바다가 여전히 살아 숨 쉬고 있음을 조용히 들려준다. 전통 어업 방식인 창경바리가 여전히 이어지는 등명해변은 오늘도 '생명의 바다'로서의 가치를 묵묵히 지켜가고 있다.

외국인 선원을 위한 해경의 케이팝 프로젝트

새벽 어둠을 깨우는 바다는 언제나 거친 파도와 맞서야 한다. 아직 해도 뜨지 않은 시간, 뱃전에 선 이들의 노동은 쉼 없이 이어진다. 이제 그 자리에 한국의 어부는 드물다. 험난한 바다를 지탱하는 것은 먼 타국에서 건너온 외국인 선원들이다.

그들은 낯선 언어와 문화의 벽을 넘어 끝없는 바람과 고단한 파도에 몸을 맡긴다. 언제 닥칠지 모를 위험과 사고 그리고 차별의 그림자와도 맞서야 한다.

그들의 손길 없이는 오늘의 한국 어업도 존재할 수 없다. 거친 바다 위, 보이지 않는 희생과 땀방울이 바로 어업의 버팀목이 되고 있는 것이다.

강원도 강릉 사천에서 오랫동안 어업에 종사해 온 박성호 어촌계장은 외국인 노동자 없이는 이제 어촌의 일이 불가능하다고 말한다. "한국 사람들도 와보긴 합니다. 그런데 하루이틀만 일하고 너무 힘들다며 금방 떠나버립니다." 박성호 계장의 말처럼, 한국 어촌 사회는 이미 외국인 노동자에 크게 의존하고 있다. 고령화와 인력 기피 현상 속에서 어업 현장은 더욱 절박해지고 있다.

언어 장벽 속 위험한 노동현장

언어와 문화의 차이는 소통의 어려움으로 이어지고, 안전사고와 갈등을 키우는 원인이 되기도 한다. 몸짓과 눈짓에 의존한 채 일해야 하는 현실 속에서, 서로를 이해하고 존중하는 분위기가 무엇보다 절실하다.

베트남 국적의 다이 씨는 한국에서 처음 일하던 시절을 떠올리며 "처음에는 정말 어려웠어요. 지시를 들어도 무슨 말인지 알아들을 수 없었고, 몸짓으로 설명해도 이해하기 힘들었어요. 게다가 거센 파도를 헤치며 일해야 하니 항상 위험이 따랐죠"라고 회상했다.

동해지방해양경찰청은 이러한 문제의식을 바탕으로 외국인 선원 인권침해를 예방하고 안전문화를 확산하기 위한 특별한 캠페인 제작에 나섰다. 2025년 7월 전남 나주 벽돌공장에서 발생한

바다 현장에서 분주히 일하는 외국인 선원들

이주노동자 인권유린 사건을 계기로, 외국인 선원 의존도가 높은 어업 현장에 맞춘 캠페인송 〈K-어업 친구〉를 제작·배포하기로 한 것이다.

이 캠페인송을 기획한 동해지방해양경찰청 신종원 경사는 "외국인 선원은 이제 한국 어업 현장에서 없어서는 안 될 중요한 동료"라며 "이 캠페인송이 현장 곳곳에서 불려지며, 선원들의 안전과 인권에 대한 인식이 확산되기를 바란다"라고 말했다.

캠페인송 제작에는 베트남 근로자들과 우리 선원, 해경 대원이 함께 참여해 현장은 화기애애한 분위기로 가득했다. 언어와 문화는 달랐지만 음악을 통해 하나가 되는 순간이 연출되었고, 자연스럽게 서로의 마음을 잇는 다리가 되었다. 특히 케이팝이 단순한 음악 장르를 넘어, 국적과 세대를 아우르는 하나의 문화로 자리매김하고 있음을 보여주는 상징적인 장면이었다.

외국인 선원을 위한 홍보 영상 촬영 현장

캠페인송 제작에 참여했던 베트남 출신 노동자는 "우리를 이해해 주는 것만으로도 감사한 일인데 이렇게 캠페인 제작에 동참하면서 한국문화와 어업 현장에 대해서 깊이 이해할 수 있었다"라면서 "앞으로는 더욱 현장에서 안전을 신경 쓰고 한국인을 이해하는 데 노력하겠다"라고 말했다.

제작에 동참한 선장 김준석 씨는 현장에서 외국인 근로자들과 소통하기도 어렵고 문화가 달라서 이해하기 힘들었는데 이런 캠페인송을 만들어서 배포해 준다면 우리 어업인들에게는 큰 도움이 될 거라고 기대를 모았다.

즐겨 부르는 노래에서 바다문화로

가수 진시몬의 대표곡 〈보약같은 친구〉가 외국인 선원의 인권 감수성을 높이기 위한 캠페인송으로 개사됐다.

이 노래는 선주와 내국인 선원이 외국인 선원의 문화와 언어 차이를 이해하고, 인권에 대한 인식을 높일 수 있도록 제작됐다. 흥겨운 트로트 리듬을 활용해 어업 현장에서 누구나 쉽게 따라 부를 수 있도록 한 것이 특징이다.

촬영에 동참한 김민우 경장은 "트로트에 익숙해진 베트남 근로자들이 촬영 내내 즐겁게 리듬을 타며 노래를 따라 불렀다. 그 모습을 보면서 저희도 덩달아 기뻤다. 음악이 서로 다른 문화를 연결해주는 힘을 다시 한번 느꼈다"라면서 "이번 캠페인송은 외국인 선원들이 바다 위에서 조금 더 안전하고 존중받는 노동 환

항구에서 작업하는 외국인 근로자들

그물손질을 하는 외국인 선원

경을 누릴 수 있도록 돕는 문화적 가교가 될 것으로 기대된다"라고 말했다.

2025년 10월부터 배부된 〈K-어업 친구〉는 단순히 함께 부르는 것을 넘어 서로를 이해하고 존중하는 새로운 바다의 문화를 만들어가는 첫걸음이 될 것이다. 특히 외국인 선원을 이해하고 이들이 현장 속에서 더 따뜻하게 동참할 수 있도록 하는 작은 울림이 되기를 바란다. 바다 위에서의 하루하루가 서로에게 든든한 힘이 되는 그날을 향해 이 노래는 조용히 그러나 힘있게 울려 퍼질 것이다.

마치며

이제 나는 다시 묻는다. 우리가 지켜야 할 바다는 어떤 모습이어야 할까. 그 답은 거창한 건축물이나 콘크리트 속에 있지 않다. 바다를 사랑하는 마음과 바다를 잃지 않으려는 사람들의 의지 속에 있다.

대한민국은 삼면이 바다라고 말한다. 그러나 그 말의 무게는 점점 가벼워지고 있다. 정책의 그늘에서, 행정의 틈에서 '바다'라는 단어는 하나둘 사라지고, 모래가 깎이며, 해조류가 줄고, 어민들의 삶은 바다와 점점 멀어진다. 정치와 행정이 바다를 외면하는 사이, 바다는 조용히 그러나 확실히 죽어간다.

나는 오늘도 바다를 걷는다. 하늘에서는 드론으로 바닷속과 해안을 살피고, 땅에서는 해변을 걸으며 모래 위에 터를 잡고 살아가는 풀들의 숨결까지 카메라에 담는다. 바람을 맞으며 어민들의 마음을 어루만지고, 사라져가는 바다숲을 지키며, 무너진 해안선을 다시 이어붙이는 마음으로 기록을 이어간다.

사람들의 욕심으로 훼손되는 해안, '보호'라는 이름 아래 사라지는 바다를 바라보며 나는 묻는다. 우리는 정말 바다를 지키고 있는가 아니면 조금씩, 조용히 밀어내고 있는가.

그래서 나는 오늘도 기록한다. 이 기록이 바다를 되살리고자
하는 누군가의 마음에 닿기를, 바다가 완전히 등 돌리기 전에 그
마지막 숨결을 놓치지 않기를 바란다.

바다는 아직 우리 곁에 있다. 그리고 우리는 여전히 바다와
만날 수 있다. 그 만남 속에서, 새로운 희망이 피어나기를.

무너지는 해안선, 사라지는 풍경

초판 1쇄 발행 2026년 4월 17일

지은이 진재중
펴낸이 강수걸
편집 오해은 강나래 이선화 이소영 박재화 이채연
디자인 권문경 조은비
펴낸곳 산지니
등록 2005년 2월 7일 제333-3370000251002005000001호
주소 부산시 해운대구 수영강변대로 140 BCC 626호
전화 051-504-7070 | 팩스 051-507-7543
홈페이지 www.sanzinibook.com
전자우편 sanzini@sanzinibook.com
블로그 http://sanzinibook.tistory.com

ISBN 979-11-6861-655-4 03450

* 책값은 뒤표지에 있습니다.
* 잘못 만들어진 책은 구입처에서 교환해드립니다.

〈무너지는 해안선, 사라지는 풍경〉
독자 북펀드에 참여해주신 분들께 감사드립니다.

구모룡　　　　　　이예뻐
김미양　　　　　　임재연
김상훈　　　　　　전영민
김수정　　　　　　전태리
김영중　　　　　　정재욱
김형욱　　　　　　최한길
동해지방해양경찰청　해랑
무표정　　　　　　향기산책
박재홍　　　　　　홍태경
박지훈
백동현
백수영
손어진
손춘호
신종원
안선경
연
연아맘
윤석황
이미정
이서연
이성수